U0903411

你不懂精油1：零基础精油入门

姚俞先 著

江苏凤凰科学技术出版社

图书在版编目（CIP）数据

你不懂精油.1，零基础精油入门 / 姚俞先著. -- 南京：江苏凤凰科学技术出版社, 2019.5（2019.9 重印）

ISBN 978-7-5713-0155-2

Ⅰ.①你… Ⅱ.①姚… Ⅲ.①香精油－基本知识 Ⅳ.① TQ654

中国版本图书馆 CIP 数据核字 (2019) 第 034337 号

你不懂精油 1：零基础精油入门

著　　者	姚俞先
责任编辑	樊　明　倪　敏
责任校对	郝慧华
责任监制	方　晨
出版发行	江苏凤凰科学技术出版社
出版社地址	南京市湖南路 1 号 A 楼，邮编 210009
出版社网址	http://www.pspress.cn
印　　刷	合肥精艺印刷有限公司
开　　本	718 mm × 1000 mm　1/16
印　　张	9.5
版　　次	2019 年 5 月第 1 版
印　　次	2019 年 9 月第 3 次印刷
标准书号	ISBN 978-7-5713-0155-2
定　　价	49.80 元

今天，人们在学习一个学科时，最难获取的已不再是足够的知识，而是对海量知识的梳理归纳，让它更容易理解和运用。借由信息网络，我们似乎能够搜索到任何想要的芳疗知识，各类芳疗书籍也足以充满整个书架，但作为初学者，反而会更加困惑。面对众说纷纭的芳疗观点，到底谁的理论可信？面对这一书架的书，应当从哪一本看起？各个理论系统貌似都有道理，但往往学过一遍之后只是获得了纷繁凌乱的知识，对于芳香疗法的认识越发迷茫。

通过这些年来对于精油的认识和深入学习，我觉得对于初学精油者来说，只需要抓住一个点就能够快速入门——记住每个精油最擅长的特质，然后在使用中去体会。就像我们周围的人，每个人都有最擅长的方面，记住了每个人最擅长的部分，需要协作时就可以迅速想到最合适的人。否则，即便是扎在“完善”的知识堆里，背下了各种精油的功效和用法，在实际使用时也难以做到适当和准确。比如茶树精油能杀菌，肉桂精油和天竺葵精油也能杀菌，当我们看完了所有的精油会发现，好像很多精油都能杀菌，但是在具体情况下用来杀菌的时候，究竟选哪个用呢？

《你不懂精油 1：零基础精油入门》要解决的正是这个问题。在本书中，我只介绍每种精油最擅长的方面，而它的次要特征和功效，若有其他精油可以更好地替代，就不提及。这样你只需要花最少的时间即可快速入门。同时我相信，通过对精油的逐步认识，在使用精油的过程中你也会产生更深层次的属于自己的独到理解，通过自己实践得出的切身体会，也会让你对使用精油更有信心。

如果你还想探究精油力量背后的秘密，那么，精油化学是绝对绕不开的，因此我同时编写了《你不懂精油 2：全图解精油进阶》这本书。这本书主要讲精油化学，其深度已经远高于国际芳疗师认证课所要求的水平，但你完全不用担心看不懂。因为这本书我们采用了轻松有趣的讲述方式，将难以识记和理解的化学物质用鲜明性格的漫画形象展现出来，让理解变得直观和可视化。这种形式在我们的教学中已经取得了很好的效果，相信你也会乐在其中。

学习精油化学的目的不在于记住化学成分，而是更确切地理解精油发挥作用的原理，最终目的还是指导我们精准有效地选用精油。

从 2015 年起，我把芳疗研究的重心转移到实践应用。在实践中有效，能让人们生活更快乐的理论才是有用的，否则再完善和巧妙的理论体系也没有价值。遵循这个思想，我在实践中调配出美白、去红血丝、改善痛经、调节内分泌、清肝毒、治疗失眠等数十种有明确功效的复方精油，而调配这些复方精油的理论基础，也大都基于这套书。

芳疗是一门古老的学科，然而对于芳疗的认识和实践，在我国还刚刚起步，精油作为芳疗体系中的重要领域，其神秘色彩有待我们徐徐揭开。能够为芳疗的普及和推广尽一份责任使我深感荣幸，我将不改初心，专注于此，因为我相信，不断精进、自利利他才是更圆满的人生。

我要感谢带我入门、给予我指导并让我坚定走这条道路的老师们，感谢一直以来信任我的学生和患者们，感谢所有支持我的朋友们，是你们的爱让我能够坚定快乐地走在这条路上，从而完全地感受到生命的丰盈和美好！

由于水平有限，书中未尽完善之处在所难免，我将虚心接受各方批评与建议，并以此为继续学习和研究的动力。祝愿大家在芳疗之路上收获喜悦、健康与幸福！

第1章 走进精油的世界

第2章 不可不知的单方精油

第3章

精油让你的消化系统更顺畅

第4章

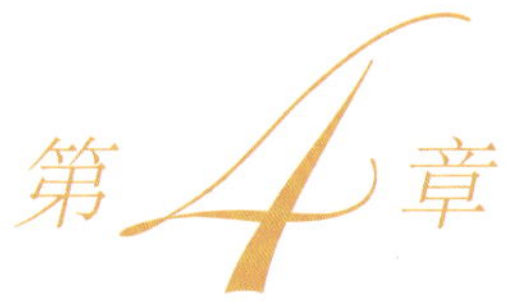

精油让女人更有魅力

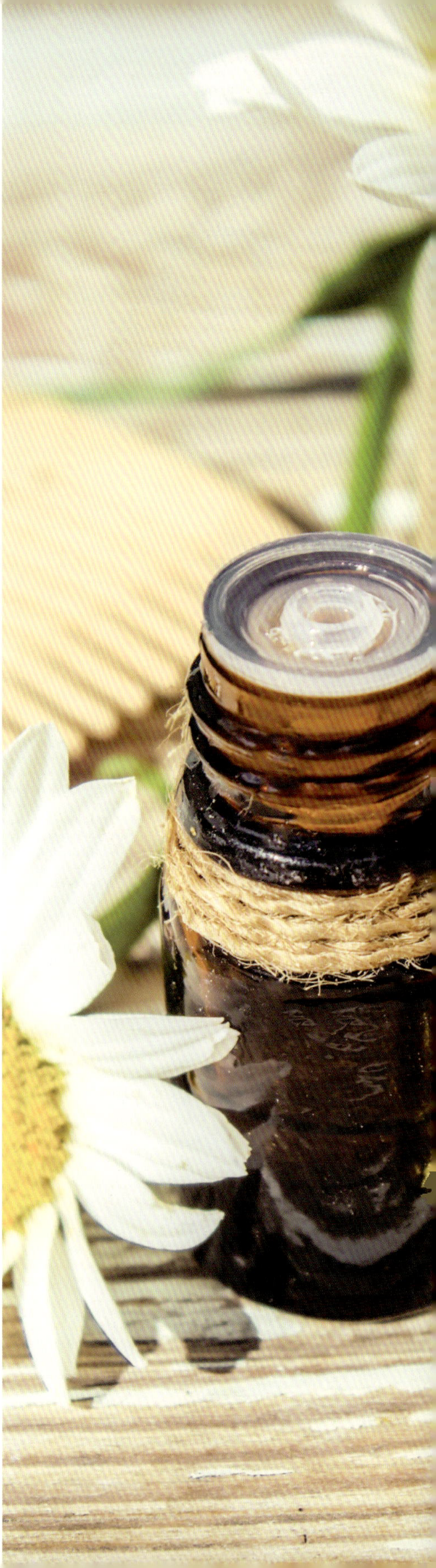

第5章

精油帮你改善妇科炎症

第6章

给老年人的精油疗愈处方

第1章 走进精油的世界

精油
能为我们带来什么

通常，我们提到精油，都会和肌肤保养联系起来，稍稍了解的人，可能会知道精油还有抗菌消炎、抗病毒、促进细胞新陈代谢和细胞再生的功能。的确，精油有很好的保养效果，但这仅仅是较浅层面的理解。作为植物精华的精油，对人体的奇妙作用是无比宽广的。它在作用于身体的同时，更多地会对心灵起到或安抚或振奋等诸多作用，这也是从古至今，很多人都痴迷于精油的原因。

如果说，在这个世界上，有一样东西兼具身、心、灵修复之功效，那么精油必定当之无愧。不论你是因为长期枯燥的工作而感到身心俱疲，还是对未来的不确定而心生焦虑和恐慌，甚或因为各种原因而无法重拾昔日的自信，精油都能助你一臂之力。正因为精油有如此强大的疗愈力，“医学之父”——著名的希腊医学家希波克拉底，在2500年前就发出了这样的感慨：“每日洗一次芳香浴，用芬芳的精油按摩，此乃健康之道。”

——让身心更健康

使用精油对身心进行调理，就是我们常说的芳香疗法，它是自然疗法的一种。芳香疗法相比其他的自然疗法有着自己的优势——范围广，就像钢琴的音域非常广，所以能塑造出多种音乐场景。精油带给身心的疗愈作用也是非常广泛的。

其实，人类除了自己的肉体，还有很多其他的精微能量体，各种自然疗法大都针对这些精微能量体系的某一块，而精油则能很神奇地把这些全部覆盖。

比如对于我们的肉体，精油能起到很多药物无法起到的效果，或者说它比药物渗透得更深。精油都是天然的微小分子，可以穿过真皮层直接进入血液，所以在我们的肉体层面，它可以穿越到最精深处。

在情绪层面，精油则能调节我们的大脑。大脑是神经中枢，我们所有的悲伤、快乐等情绪都来自这里。如果它分泌一些让你觉得悲伤的东西，你就会悲伤；分泌一些让你快乐的东西，你就会快乐。精油的力量能进入大脑，去控制那些让你悲伤或快乐的“开关”。所以当你悲伤的时候，只需要选一种能打开快乐“开关”的精油——比如佛手柑精油，就可以向你感觉阴郁的空间里照入一阵暖暖的阳光；再比如橙花精油也是一种快乐精油，可以让你的焦虑一扫而光，顿时欢乐起来。

除了能够疗愈情绪，精油还能更深入一层，去疗愈我们过往的伤痕。人的很多无端而生的情绪，其实都能找到根源，可能是童年留下的遗憾或者阴影，或者是对过往某件事、某一刻的无法释怀，这些都会在内心深处存留痕迹，在特定的时刻影响我们的情绪。精油则可以作用于这些隐秘处的痕迹，对心灵起到疗愈效果。

陪伴

——让生命更丰富

精油带给我们的第二个作用是陪伴，陪伴则会给我们带来更多的乐趣。大家可能都会有一种感受，就是我们从小到大读的书越多，接触了解的越多，就会感觉越痛苦。那为什么还要读书，还要学习呢？因为读书能增加我们生命的宽度，让我们对自身、对世界、对生活有更多的感受，这样的一生才会丰满。精油的陪伴，就是让我们感受到更多的东西，去感受不同的层面，让我们的生命更丰富。

比如你的生活中有了甜橙乐观的味道，有了赤松高远的味道，有了雪松真实勇敢的味道，有了丝柏的收敛和时间感，这个时候，你对生命的感觉就会大不一样。当你能分辨出甜橙和苦橙的区别时，你的感觉也会变得更细腻。

精油 到底是什么，有什么特性

精油是怎么产生的呢？如果我们有机会煮一大锅植物，收集这锅植物蒸出的水蒸气，待其冷凝之后成为另外一缸水，那么，在这上面漂着的薄薄的一层就是精油。精油有几个特性，一是植物中非常轻盈的化学成分才能被水蒸气带出，太沉的分子带不出来，所以它都是小分子；二是它是漂在水表面薄薄的一层，所以它是不溶于水的，其实严格地说应该是微溶于水，但溶解度很低，我们可以认为它是不溶于水的，是植物中不溶于水的活性成分。而那部分溶于水的活性成分收集起来就是纯露。

当然，我们现在使用的精油可不是用大锅熬煮出来的，那样效率就很低了。精油的提取，除了使用水蒸气蒸馏法，还有挤压法、冷浸法和溶剂提取法等，而且也不是所有的植物都能产出精油，只有含有香脂腺的植物才可能产出精油。

精油是小分子，擅长透皮入血，流遍全身。所以我特别喜欢用一种我称之为“静脉注射”的方法，就是把精油滴在手腕内侧，因为内侧的血管比较接近表皮，精油会像打针一样“滴”入血管。这样入血没有那么痛苦，因为它会附在皮肤表面，然后慢慢地渗透入表皮层、真皮层、皮下血管，然后进入血液。我们打一针可能五秒钟就完事了，但是滴上一滴精油之后，它可以缓慢地进入血液，这样对我们血液的冲击非常小。

严格系统的芳香疗法认为，纯精油不能直接接触皮肤，需要被稀释到10%以下时才可以。我在实践的时候，觉得拿基础油很麻烦，涂在身上没吸收时会黏腻腻的，这样反而会使我用的精油越来越少。我更喜欢的方式是，把纯精油滴出来一小滴，把它涂在手腕内侧，然后双手手腕内侧相互涂抹开，这样不仅可以透皮入血，通过血液流遍全身，而且可以吸闻手腕，能入脑。在我的实践中，这样做也没有出现过什么问题。精油不能直接接触皮肤，是英系的一种安全的提法，因为纯精油很浓，很强烈，直接接触皮肤，可能会引起皮肤过敏。

我更愿意做一些小的尝试，看我的皮肤对什么精油是过敏的。如果我滴某种精油的时候，皮肤觉得疼、痒、难受，那么以后我就不会再直接涂这种精油了。我用纯精油涂手腕的一点点皮肤，只是为了让它透过这一点皮肤入血，这样即使有问题，也只是伤害了这一点点皮肤而已。当然，脸是很敏感的地方，所以纯精油不要直接涂脸，要稀释到1%以下才可以。

居家使用精油的方法很多，有人说在家使用精油只能是熏香，但是什么叫熏香？我觉得不管用什么办法，只要能闻到精油的味儿，都可以叫熏香。比如，你把它滴在自己的衣领上、袖口上、枕头上、被子上、床上，甚至毛巾上，或者是你养的花的叶子上（但是这样对花不是太好），或者是窗户上、玻璃上、墙上、窗帘上，只要你能闻到它的味道，都可以叫熏香。大家平时在使用精油的时候，不用有太多刻板的限制，不用管别人怎么说，要更多地根据自身的特点来使用，只要你能感受到它就可以。如果是涂皮肤的话，不要大面积涂抹纯精油，尤其是脸。你可以像我一样做些尝试，先在手腕部位小面积使用纯精油，只要皮肤对这种精油不过敏，那就没有什么大问题。

我们遵守正统芳香疗法的教育，是为了让使用绝对安全，我愿意冒一点点险，是为了使我自己使用精油更方便，当然，每个人都有自己的选择。

精油的日常使用方法

精油根据产品的不同和使用目的的不同，可以采取不同的使用方法，最常用的是涂抹。

涂抹——皮肤涂抹最简便

相信大部分人认为精油的使用方法就是涂抹，涂抹的确是最常用的方式，至于用在哪些部位，如何使用，通常情况下没必要过于纠结，基本上是哪儿有问题就抹哪儿。但是有的时候也可以“曲线救国”，比如对于妇科炎症，由于其局部黏膜比皮肤更不耐刺激，所以我们就可以涂抹在腹股沟两侧，因为那儿有淋巴结。其他不太适合直接涂抹的地方，比如皮肤破了，也可以在破了的地方周围用精油画一个圈，这样它还是可以入血，帮助破损处杀菌消炎愈合。

除了涂抹皮肤，当然也可以有一些别的方式，比如喝或者闻，原则还

是让它尽快地、更直接地到达需要它的地方。涂抹皮肤，只能通过血液到达需要它的地方，而像呼吸道有问题，比如有鼻炎的时候，就可以闻精油，它会更快地到达呼吸道。但是闻精油有一个缺陷，就是你闻的时候它能作用到，但是你不能一直在那儿闻，你不闻的时候就没有办法作用到。所以，即使呼吸道有问题，也可以用涂抹颈部和胸部的方式，因为涂抹可以使精油的效力更持久。

——口服也可以尝试

对于消化道一类的问题，口服是一种最直接的方式。很多人可能不太敢尝试，实际上服用少量精油，危险性很低。比如你胃疼，就可以口服精油，用精油沏水喝，让水带着精油的芳香分子，以最快的速度到达你的胃。如果是腹泻，也可以口服精油，让芳香分子进入下消化道。方法是，将一滴精油滴在一杯开水中，搅拌，等水面上看不到油时，喝下这杯水。如果你实在不愿意尝试口服，那就仍然涂抹皮肤，透皮入血，也能作用于患处。

——体验不同的感受

法系芳疗很提倡使用肛门栓剂，就是把精油融到一个栓剂里面，然后塞到肛门里，让它直接进入直肠，这样的目的也是让它通过最直接的路径到达需要的地方。口服精油还要经过肝代谢，经过消化道，而直接进入直肠就可以在直肠中溶解，从那儿入血。肛门栓剂的优势比较明显，我们熏香时，倘若用了一百滴精油，只能进入身体一滴，涂抹皮肤一百滴精油，能进入身体十滴，而口服一百滴就是一百滴都进入身体了，肛门栓剂也是一样，能够完全进入身体，对精油的利用率会更高。

所以一开始使用精油的时候，可以用比较常规的方法，如涂抹皮肤和闻，等到对精油比较了解，对自己身体的反应也比较了解的时候，就可以尝试一些独特的方法，来感受精油带给自己的不同感觉。

坚持使用才有效

精油能护肤，就是因为它可以穿透表皮层进入真皮层。我们皮肤的新陈代谢就是真皮层慢慢变成表皮层，表皮层慢慢脱落掉，然后真皮层再变成表皮层、再脱落掉的过程。真皮层变成表皮层脱落掉，这个过程需要30~45天，所以当精油在护肤的时候，是在本质上起作用，是在真皮层上下功夫，它的成效需要你坚持使用几十天之后才能看到。一旦你能看到这种成效，就会开始由里到外都透着健康。

但是，如果不是对精油特别有信心，人们往往不太会坚持使用几十天。可是精油这种神奇的东西，需要坚持使用才有效。例如，你简单地用一种精油，比如依兰和安息香，也可以加上点乳香，把浓度调到1%或以下，就这么简单的一个配方（或者是你只用安息香，浓度在1%以下），每天晚上在脸上涂薄薄的一层，都不用按摩，一两个月以后，你的皮肤一定会比现在健康。

婴幼儿
能不能用精油

精油进入体内是要通过肝和肾代谢排出的，婴幼儿特别是 18 个月以下的婴儿，肝和肾都没有发育完全，这个阶段如果给他使用精油，就会让他的肝肾负担过大，很容易造成损伤。所以建议 18 个月以下的婴儿不要用精油直接涂抹皮肤，如果想使用，可以用熏香的方式让他吸嗅，熏香也不要太浓，淡淡的就好，这样他会受到精油的正向影响，又不至于被精油伤害。

其实 18 个月以下的宝宝用不用精油，也存在一些争议，因为如果宝宝感冒了，吃药也是会伤肝伤肾的，而使用精油伤得多还是用药伤得多，就是两害相权取其轻，相信每位家长都有自己的判断。

18 个月以上的宝宝可以开始用精油涂在身上，但是不要用纯精油，一定要用稀释过的，而且浓度也要非常低，因为他们的皮肤太娇嫩了，经不起冒险，我建议稀释到 0.1% 以下。

18 个月以下的婴幼儿可以使用基础油，因为基础油里面不含精油，精油是有药效的，而基础油是比较温和的，各年龄段的孩子都可以用，对皮肤是会有好处。给宝宝做抚触的时候，给他涂点基础油，不仅能保护皮肤，还能令他有安全感和幸福感。

配制精油的原则

我们前面多次提到，通常不能使用纯精油，因为会有强刺激，所以需要稀释。稀释就是将纯精油与基础油混合，让其浓度变低。另一方面，对于一些问题，使用单品精油可能效果不太好，这个时候也需要我们将几种精油结合起来用。关于稀释，你只要把用量比例掌握好，问题就不大。但对于调配复合精油，很多人可能就会一头雾水了。下面具体讲述。

分清主次

调配复合精油，第一点就是要确定主次。这个其实有点像古代打仗，打仗肯定要选一位三军统帅，而其他的将领都要会打不同类型的仗。我们配精油也是一样，必须有一个统帅，它的比例要远高于其他精油的比例，不能因为几种精油都有杀菌的功效，就按 1:1:1 来配，这样还真不一定能起到杀菌的效果。这就像没有统帅，而只找了三个将军，分配一样多的兵力一块去打仗，可能三人还没上战场，就意见不合先闹起来，更别说打胜仗了。所以选统帅选主将，是做精油配方时最关键的一步。

怎么选呢？一个原则就是谁的关键词和你想达成的目的最贴合，就选谁做统帅，然后再为它选择一位或几位主将。

比如统帅的浓度是10%，那么主将的浓度就可以是5%，然后再选一位助手，浓度可以比主将再少一半，这样它们三种合起来就是17.5%的浓度，一般的配方选三种精油就足够了，它们互相协调，就能打好这一仗。

有人可能会觉得三种精油不够，想要选六种精油，觉得那样才更有可能打胜这个仗，其实不一定。如果前三种选得好，根本就不需要六种，前三种选得不好，即便是选十种精油可能效果也不明显。

所以我们在做精油配方的时候，一开始可以用4:2:1的方式来选择你认为最佳的三种精油尝试，等自己经验丰富了，再慢慢调整比例，可能你会觉得4:3:2更好一些，或者是8:2:1更好一些，每个人都会有不同的答案，我的经验是4:2:1就足够好了。

越简单越好

配精油还有一个很重要的原则是越简单越好。比如我们想杀菌消炎，需要涂抹腹股沟，那就用冬季香薄荷或多苞叶尤加利，它们就是在这个方向上效果最好的两种精油。如果你想复杂一些，比如你知道茶树也可以杀菌

消炎，那就再掺点茶树，你还知道柠檬香茅也可以杀菌消炎，那就再掺点柠檬香茅……这样打仗看着是人数多了，但是会削弱多苞叶尤加利和冬季香薄荷强力杀的力量，变成温和杀了。所以除非你知道它们的协同作用是怎么表达的，否则还是越简单越好。如果你知道谁能帮点忙，就再加上第二种精油，一般来说这样就足够了。

使用较简单的精油有一个好处，就是让你知道自己身体对精油的反应，而且通过这样，也会慢慢积累和深化你对每一种精油的认识。毕竟，在自己身体上发生的变化才是最能令你相信和印象深刻的。等到你对大多数精油都了然于胸了，知道自己身体对每一种精油是什么反应了，之后再往多里调。这样随着时间的积累，你对精油就会越来越了解，用的时候也就能随心所欲了。

选对基础油

选好精油之后就要选基础油了。基础油的作用是稀释精油，它的作用虽没有将领那么重要，但也不可或缺。我这里推荐两种，分别是甜杏仁油和葡萄籽油。

甜杏仁油和葡萄籽油这两种基础油都可以用来稀释精油，不同的是，葡萄籽油更容易被皮肤吸收，甜杏仁油相比之下不容易被皮肤吸收。所以当我们想按摩时间长一点的时候，比如配了一个丰胸精油，想在涂抹的时候按摩一个小时，那基础油就用甜杏仁油。如果选葡萄籽油可能会涂大量的油，而且要不断补油。

开始时，我们只要知道基础油的这一个区别，会根据需要来选择就行了，因为主要的功效还是来自于精油的正确选择与搭配。

精油的真假好坏怎么辨别

精油的真假好坏是特别难辨别的一件事情，网上流传的很多标准其实参考价值都不大。比如有人说把精油滴到纸上，如果它都挥发的话，就是真的，不完全挥发，最后还有残留，或者是挥发之后，纸上留有印痕，那就是不好的精油。这个可不一定，比如说肉桂精油，它是黄色的，滴到纸上即使都挥发了，纸上仍然会有黄色；再比如安息香，特别浓稠，滴在纸上可能过一个星期还没有挥发干净，那也不能说它是不好的安息香精油。

用仪器检测精油好坏也不靠谱，因为有很多天然精油，会加入人工的化学成分调味，这样的精油已经不是完全天然的了，用化学仪器是测不出来的。

所以，辨别精油的最好方式是用鼻子来闻，当你闻好的精油闻多了之后，再闻不好的精油时，就能感觉到是被人工干预过的。

另外，精油的味道有的好闻，有的不好闻，但是不好闻的也不见得是不好的精油，可能是你暂时难以接受这种植物的味道。比如玫瑰精油，有的玫瑰精油你觉得好闻，有的你会觉得不好闻，但是不好闻的并不一定是不好的，只是你对这种味道还不太习惯。

总归一点，只要是纯天然萃取出来的，都是好精油，不管味道怎么样。而在鼻子难以判断的时候，开始玩精油时只能相信靠谱的品牌，不要相信那些毫无根据的所谓经验和标准。

精油的使用禁忌

精油的使用禁忌其实并不多，主要是对量的把控。

使用精油最容易出现的问题就是皮肤过敏，主要原因是浓度太高了。一般来说，只要做到用在脸上的精油浓度不超过 1%，用在身体上的精油浓度不超过 20%，就基本没有什么问题。但是也有一些比较刺激的精油，比如肉桂、丁香、冬季香薄荷、多苞叶尤加利，这些精油在使用时浓度要减半再减半。但是这里也不必有什么硬性原则，只要你觉得刺激了就赶快把它洗掉，可能对你的皮肤也没什么大影响，最多是发红过敏几个小时，然后就没事了。以后再使用这种精油时就不能太浓。

另外有几个特别的禁忌，具体如下。

1. 有癫痫病史的人不要用迷迭香精油。
2. 怀孕期间不要大量用丁香精油。
3. 不要给 18 个月以下的婴幼儿涂抹精油，可以用纯露。
4. 3 岁以下的幼儿慎用精油，但如果不用精油就得吃药，可能会造成更大的伤害，这个时候可以使用精油，但要把浓度调得非常低，比如 0.1% 以下，而且不要用太刺激的精油，像前面说到的肉桂、丁香、百里酚百里香之类的，都不能用。

5. 柑橘类的精油，如葡萄柚、橘子、柠檬、甜橙、佛手柑等，因为有光敏性，会让皮肤吸收更多的紫外线。所以在涂了之后不要去晒太阳，或者只在晚上涂。
6. 另外，猫是无法代谢柠檬烯的，所以柑橘类的精油不要涂在猫身上，这对于它来说无异于毒药。

对于刚刚入门的精油爱好者来说，了解以上这些禁忌就足够了。但无论怎么样，有一个最重要的标准一定要记住，那就是涂了精油之后，要观察自己的身体有什么样的反应，因为每个人的状况都不同，每个人都有自己对精油的禁忌，如果身体没有什么反应就可以继续用，有反应就不要用了，或者降低精油浓度，慢慢尝试。

第2章

不可不知的单方精油

广藿香
Pogostemon patchouli

色　　泽：棕黄或棕绿色
气　　味：刺鼻，有泥味
有效成分：广藿香醇、大根老鹳草烯、广藿香酮
关 键 词：再生

使用注意：气味比较刺鼻，用量不宜太大，否则可能导致身体不适。

广藿香精油对身体的作用，在于它有一种强大的修复力，能促进或让组织恢复再生能力。所以我们用广藿香精油，通常是在身体有伤痕的情况下。比如身上有一个疤痕，或者是刚刚愈合的伤口。

使用时要把广藿香精油稀释在基础油中，如果是涂在身体上，可以稀释到15%，若是调理脸部皮肤问题，可以稀释到1%再涂在脸上，就可以促进组织再生。

我们在闻广藿香精油时，可以闻到一种非常深沉的味道，当然我们可能觉得是藿香正气水的味儿，但是当你抛弃固有思想和认知，用心去感受这一股藿香味时，就能感受到广藿香那种深深的大地的力量。广藿香精油能够促进组织再生，正是因为它有大地的力量。大地孕育万物，可以生长一切，当把广藿香精油涂在皮肤上时，就等于把大地的力量引入了皮肤，所以皮肤可以在大地的力量的作用下，恢复再生能力。

大地是孕育生命的，所以广藿香精油精神方面的力量也是大地的力量。当我们的精神需要一个地方去落地去扎根的时候，不妨闻一闻广藿香精油，这个时候你会有一种感觉，就是你并不是飘在空中的，而是脚踏实地的，心底是踏实的。

广藿香

- 科 属：唇形科刺蕊草属
- 产 地：中国、印度尼西亚、菲律宾、印度
- 萃取部分：全株药草

甜橙
Citrus sinensis

色　　泽：金黄色
气　　味：香甜的水果味
有效成分：柠檬烯、柠檬醛
关 键 词：开心的老小孩

使用注意：甜橙精油具有轻微光敏性，使用后8小时内要避免晒到阳光。请勿将皮肤长期暴露于强光下，建议晚上使用，敏感肌肤慎用。

大家一定都听过风铃发出的声音，很轻快，很欢欣，这恰恰也是我对甜橙精油的理解。因为甜橙精油就是快乐的，甜橙是圆的，是果实，它就像是一张小孩的笑脸，在开心地笑。但是这种快乐，又不是那种傻傻的快乐。甜橙是经过了种子、发芽、长叶、开花，最后形成的果实，它已经走完了生命的全程，最后留下一个果实，好像是一个智慧之果，所以它的笑更像是一个老人如小孩一样天真的笑，同时也是充满智慧的。所以，我给甜橙的关键词是“开心的老小孩”。

我们之所以关注精油，是因为每一种精油对我们的生理都存在一些独特的影响，对心理的影响也是很直接的。这两个方面的影响，可能相同，也可能不同，而甜橙精油在这两个方面的影响都是相同的，就是让人欢乐。

所以我们在郁闷忧愁的时候，可以用甜橙精油。用的方法就是，把它滴到手心搓热，然后用手罩住鼻子，静静地闻，这是很方便的一种吸入精油的方法。这个时候你就会觉得，生活中的那些小烦恼都不是事儿，因为这个时候你已经有了快乐，而且是像老人的那种充满智慧的快乐，它会让你轻盈起来，会让你感觉圆满。

甜橙对肝也是有好处的，因为它可以让身体快乐，而肝是排毒器官，中医上认为肝气要疏，不能郁闷，肝快乐了，身体就会快乐，所以甜橙有助于安抚肝脏，清肝毒。我用的时候是将甜橙精油滴在手腕上，因为这个部位的皮肤薄，精油可以很快进入血管，同时我可以把它放到鼻子边闻，双管齐下。

柠檬
Citrus limon

色　　泽：淡黄绿色
气　　味：清爽而新鲜的柠檬香
有效成分：右旋柠檬烯、没药烯、呋喃香豆素
关 键 词：清新

使用注意：具有轻微光敏性，使用后8小时内要避免晒到阳光。

好多人说柠檬能美白。的确，如果你把一滴柠檬精油滴在洗面奶里，然后用来洗脸，洗过之后会发现脸好像变白了。但这并不是真正的美白，只是利用了柠檬的溶油性。因为人脸表面有一层油膜，油膜会融进很多脏东西，加了柠檬精油的洗面奶能将这一层脏脏的油膜洗掉，看起来就像脸部皮肤变白了一样。所以柠檬精油起的是清洁作用，并不是美白作用。当然这种清洁作用也很有用，柠檬精油可以把毛孔中的脏油也清洁掉，但这也不是美白，利用的仍然是柠檬的溶油性。

柠檬精油还有两个特质，它可以养肝，也可以让人变得开心。

柠檬精油是可以饮用的精油，把 1 滴柠檬精油滴在水里，然后加少量开水，等表面的柠檬精油挥发之后，这一杯柠檬精油水就可以喝了。这和把一片柠檬泡在水里没有什么区别，因为柠檬精油萃取自柠檬皮中的油腺，用柠檬泡水，喝到的其实也是柠檬精油。所以喝精油并不是一件危险的事，关键是要看量，量大可能有毒，适量则是良药。饮用柠檬精油是可以养肝的。

柠檬的味道酸酸的，锋利得像一把小刀，却可以让人变得开心。在调香的时候，如果用广藿香精油做底，就可以加进柠檬精油来调节，因为广藿香

精油有一种闷闷的感觉，加入柠檬精油后就可以打破广藿香精油的沉闷感，就像用一把锋利的小刀在厚厚的毯子上切开一条缝，能够让毯子后面的人自由呼吸。不光是对广藿香精油，任何沉闷、封闭的味道遇上柠檬精油，都可以变得更好闻，更富有层次感。由此，人心中的郁闷也会逐渐得以释放，情绪得以调节，人自然就变得欢快起来。

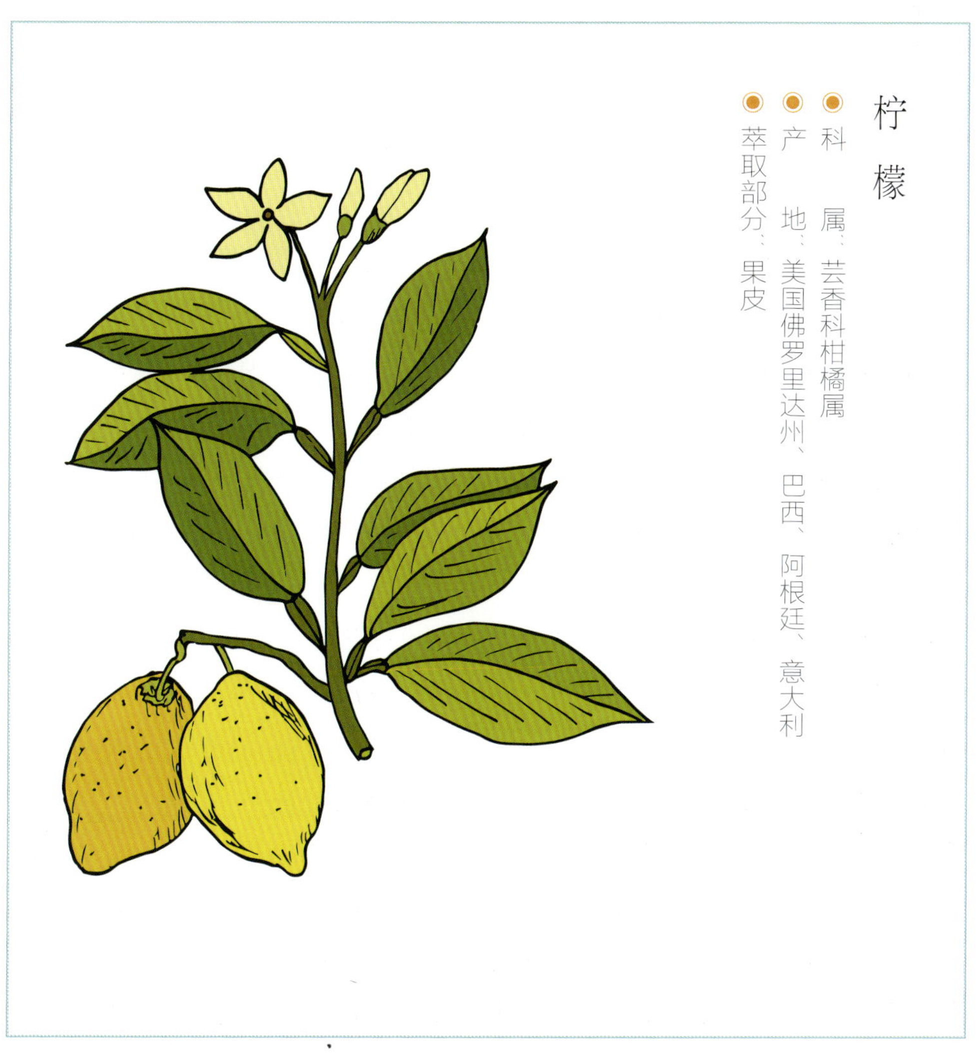

柠檬

- 科属：芸香科柑橘属
- 产地：美国佛罗里达州、巴西、阿根廷、意大利
- 萃取部分：果皮

苦橙叶
Citrus aurantium bigarade

色　　泽：黄绿或琥珀色
气　　味：木质香和花香交替散发
有效成分：乙酸沉香酯、沉香醇、橙花醇
关 键 词：安抚

使用注意：低剂量使用。

我们前面讲过甜橙，这里又讲苦橙叶，听起来好像挺接近的，但实际上它们是两种植物。

苦橙叶这种植物有强大的安抚作用，因为植物精油有一个特别有意思的地方，就是这种植物经历过怎样的生命历程，经历过怎样的磨难，那么它的精油就会帮助人来应对相似的磨难，有点像我们常说的“一方水土养一方人”。

我们为什么要大力发展中国的芳疗，就是因为中国本土的植物才是对我们中国人最有益的植物。每一个地区都有自己环境的优势和劣势，如果环境有不足，在这个地区生长的人，就不得不克服这种不足，而这个地区的植物也不得不克服这个环境的不足，所以植物在它生长的过程中，就会发展出克服这种环境不足的力量，而这种力量就蕴含在它的植物精油之中，使用它就能给有相同经历的人带来帮助。这也是芳疗最迷人的一点。

苦橙叶精油为什么有自我安抚的作用呢？苦橙的花含橙花精油，它的果实含苦橙精油，但是它的叶子往往容易被人忽略，苦橙叶一生都处在一个被人忽略的阴暗的角落，然而它却自我发展出一种强大的安抚力量。所以苦橙叶在生理和心理两个方面的作用都是安抚，我给它的关键词当然也是“安抚”。

生理方面的安抚，比如说，当你哪儿疼的时候，就是你需要让这里平静下来的时候。比如你的胃疼，或者肝疼，或者是胳膊疼、肌肉疼，都可以涂苦橙叶精油，让它从皮肤入血，通过血液流遍全身，调节生理状况。对于皮肤瑕疵，如粉刺、青春痘等，苦橙叶精油也有收敛和安抚作用。

心理方面，比如你觉得心里很躁动，或者焦虑、恐惧的时候，情绪不稳定，也需要安抚，那么苦橙叶精油就是很好的选择。最好的方式是吸闻苦橙叶精油，吸闻入脑，对于调节情绪是很直接的。

我们失眠的时候，也特别需要安抚，苦橙叶精油就是治疗失眠的一款功效特别强大的精油。它比薰衣草精油还要强大得多，薰衣草精油只是像妈妈一样抱着你，让你觉得舒服安全，容易入睡，而苦橙叶精油是直接安抚你的精神，让你安然入睡。

治疗失眠时可以把精油滴在枕头上，在枕头左边滴一滴，右边滴一滴，让它的有效分子慢慢散发，这样躺下的时候就可以闻着它的味道安然入睡了。

迷迭香
Rosmarinus officinalis

色　　泽：清澈无色
气　　味：药草和樟脑的气味，略带苦味和甜味
有效成分：桉油醇、蒎烯、沉香醇
关 键 词：提神

使用注意：孕妇禁用，高血压、癫痫患者禁用。

和苦橙叶精油能量相对应的是桉油醇迷迭香精油。桉油醇是一种化学成分，这里不用太在意它，只要知道它是迷迭香就行。迷迭香精油在生理方面的作用是提神，在心理方面的作用则是鼓舞士气。

在中世纪，骑士出城打仗的时候，城里的人都会祝福他们，每个人都会往他们要通过的路上撒上迷迭香。这不单单是一种出征的仪式，它还包含了两方面的作用。一是迷迭香可以增强人的记忆力，使人集中精神。撒迷迭香意味着人们在对骑士们说，你们为我们而出征，我们会永远记得你们，不管你们能不能活着回来，你们永远活在我们的精神世界里；二是当马蹄踏迷迭香时，迷迭香散发的气味可以提神，鼓舞士气。所以我给迷迭香精油的关键词是“提神”。

虽然现在不是战争年代，但需要鼓舞士气的事还是挺多的。比如我们在工作中觉得受到了不公正的待遇，想要找领导理论，又觉得很害怕，这个时候，就可以滴一滴迷迭香精油，然后闻这个味道半分钟，就能获得勇气，再去敲老板的门就有信心了。

在西方，古罗马的学生在读书的时候喜欢在头上戴上迷迭香花环，就是

因为有助于增强记忆力，以至于莎士比亚在《哈姆雷特》中写到：“迷迭香，你代表了记忆。”相爱的两个人在约定终身时，也会在正式文件上放一枝迷迭香，或者在新婚时会把迷迭香做成花环、发饰戴在头上，意思就是我们要记住现在的心情，永远不要忘记。所以如果有人向你求爱，你要是答应的话，也可以滴一滴迷迭香精油给他，让他闻一闻，告诉他要记住现在说的话。

现代生活太忙碌，人们普遍疲乏，神经功能下降，记忆力不好，没精神，用点迷迭香精油是很有好处的。可以在洗澡的时候滴一滴到浴缸里，会让人顿时感觉愉悦，而且精力充沛，觉得自己更年轻。同时，迷迭香精油对于肝胆也有很好的调理作用，特别是经常加班熬夜的人，肝脏很受伤，可以用迷迭香精油来调理一下。泡澡或者是吸嗅都可以。

“匈牙利皇后水”

说到迷迭香，不得不提大名鼎鼎的“匈牙利皇后水”。迷迭香精油正是其主要成分。据说 14 世纪时一位老皇后利用它返老还童、恢复年轻的活力和容貌，甚至还获得波兰国王的爱慕。传说这位老皇后当时年过七十，不仅半身瘫痪，还患有痛风，可见此水“威力”之大。

“匈牙利皇后水”这么神奇，一方面是迷迭香精油的确有助于改善痛风症状，数百年来也常被用来辅助治疗瘫痪（和脊髓损伤无关的瘫痪）。此外，其他成分如玫瑰纯露和橙花纯露都有很好的皮肤调理作用，所以，皇后恢复年轻容貌想必也是有几分可信的。

迷迭香

- 科　属：唇形科迷迭香属
- 产　地：法国、塞尔维亚、西班牙、突尼斯、摩洛哥
- 萃取部分：叶子和花朵

绿花白千层
Niaouli

色　　泽：透明或浅黄色
气　　味：有“弹力”的穿透气味，近似樟脑
有效成分：桉油醇、绿花白千层烯、绿花白千层醇
关 键 词：蜕变

使用注意：孕期禁用，婴幼儿不宜使用。

绿花白千层原来是生长在南太平洋岛屿的一种植物，当地的土著很早就发现它有杀菌功能，特别是对抑制胸腔传染病很有帮助。绿花白千层生长的地方，空气格外清新，即使是它飘落的树叶都有强劲的杀菌作用。后来法国人把它引入欧洲，提取的精油又叫戈曼油，常用于医院的杀菌消毒。

绿花白千层精油除了有杀菌消毒作用，还有一项生理功效，就是蜕变。绿花白千层树的树皮看起来就像是一块一块在掉，掉了老皮又长出新皮，所以它的生长特别像我们身体皮肤的新陈代谢。

当我们的皮肤出现新陈代谢问题，比如新陈代谢过快时，就会发生牛皮癣之类的疾病，涂绿花白千层精油就很管用，因为它可以控制皮肤的蜕变。

同样的，在心理方面，绿花白千层精油也可以控制情绪的蜕变，而且我们常常发现，情绪与生理是密切相联的，当一个人皮肤的新陈代谢出现问题时，很可能他的情绪方面也会有问题，使用绿花白千层精油对身心都有平复作用。

Sylvia 曾给我讲过她的一个案例。一个智利军官，皮肤上有一块一块的白斑，不知道是怎么回事，去医院也治不好，另外他的皮肤上还有很多牛皮癣。后来他来找 Sylvia，Sylvia 就问他，最近有没有什么难过的事情？这

个军官第一次来不说，第二次不说，第三次来的时候，她给他闻了一种精油，然后他就哭了。他说他其实一直都很内疚，因为他在战争中杀了很多人，他的长官让他去杀人，他并不想杀他们，可是只能服从命令。Sylvia 认为他的这种情绪和心理的内疚是需要蜕变的，正是因为这种情绪才造成了他的皮肤问题。于是她就让他去家乡找一片绿花白千层的林子，让他抱着每一棵树闻树的味道，然后跟这棵树说对不起，把每一棵树当成他杀过的每一个人。后来他就这样做了，每周一次，几周之后他的牛皮癣就好了，内心也没有那么愧疚了。

绿花白千层

- 科　属：桃金娘科白千层属
- 产　地：澳大利亚、新喀里多尼亚岛
- 萃取部分：叶子和嫩枝

留兰香
Mentha spicata

色　　泽：淡黄或淡绿色
气　　味：清凉醒脑，有穿透性
有效成分：左旋藏茴香酮（又称香芹酮）、柠檬烯、月桂烯
关 键 词：清明感

使用注意：有刺激性，使用时避开眼部及黏膜，必须稀释后使用。

留兰香又叫绿薄荷或香薄荷。我们在刷牙的时候，有的牙膏上面会写着“留兰香型”，里面加入的留兰香成分，其实就是留兰香精油。原因有两个，一是留兰香精油是一种很便宜的精油，留兰香香料比留兰香精油更贵；二是因为留兰香精油有治疗牙类疾病的作用。如果牙疼，可以拿个棉签，滴 5~10 滴留兰香精油到棉签上面，然后把棉签伸进嘴里，用牙咬住，有助于缓解牙疼。另外，薄荷味的口香糖和香皂等，也是用留兰香来调味的。

留兰香在情绪精神方面的作用，是它可以给我们带来一种清明的感觉。有时候我们会有那种猪油上脑的感觉，觉得生活混混沌沌的，这个时候，就可以闻闻留兰香精油，它会像一把锋利的刀片一样，把这些盖住你思想的破布拉开，然后让你的精神重新暴露在清新的空气之中，给你带来一种清明感。平时加班熬夜，或者是想一个问题没有头绪，脑子昏昏沉沉，感觉转不动的时候，可以闻留兰香，那种清明感会让你觉得一下子就没那么烦了，脑子也清醒了。

月桂叶
Laurus nobilis

色　　泽：淡黄色
气　　味：甜甜的香料味，有点像肉桂
有效成分：桉油醇、松油萜、乙酸萜品酯
关 键 词：荣誉感

使用注意：会刺激皮肤，甚至可能波及黏膜组织，按摩使用需谨慎。

月桂叶就是我们烹饪时用的香叶，我平时炖肉时，也会往里面加一滴月桂叶精油。因为精油特别浓，我有一次在炖羊肉的时候，滴了一滴芫荽精油，然后满锅的羊肉都是芫荽味，实在太浓了。所以在做菜的时候，精油的量一定要放得很少，炖一锅肉只加一滴月桂叶精油就可以了。

月桂得名于希腊神话，也叫作桂冠树，原产于地中海及小亚细亚一带。古希腊时代，皇帝和奥林匹克优胜者所戴的头冠，就是用月桂树的枝条编成的，是一种荣誉的象征。因此月桂树的花语是“骄傲”。凡是受到这种花祝福而生的人，才智既高又受人尊敬，自然也会变得骄傲，甚至可能在无意间伤害了别人，因此必须学会谦虚。唯有懂得谦虚的道理，月桂树所带来的荣誉才会笼罩着你。

所以，月桂叶精油的精神力量，就是一种荣誉感。当你觉得很自卑、低落的时候，就可以闻一闻月桂叶精油，在它的香气之中，你会慢慢地发现或者是想起自己做过的有成就的事情，也会变得有荣誉感。

月桂
科属：樟科月桂属
产地：希腊、中国
萃取部分：叶子

罗勒
Ocimum basilicum

色　　泽：黄绿色
气　　味：清新怡人
有效成分：沉香醇、甲基醚蒌叶酚、甲基醚丁香酚
关 键 词：神圣感

使用注意：过量使用可能引起麻痹。

罗勒就是我们吃意大利面的时候，往里面放的那种绿色的叶子，有“香草之王”的美誉。它的味道跟意大利面的味道太搭了，堪称绝配，就像小葱拌豆腐里的小葱一样，必不可少。

我在生活中用罗勒精油最多的就是拌意大利面。做意大利面的时候没有罗勒，就加一滴罗勒精油，特别好吃。我之前在窗台上种罗勒，也会摘下罗勒的叶子，做罗勒炒鸡蛋，挺好吃的。你也可以尝试一下，在炒鸡蛋的时候加一滴罗勒精油，看看炒出来的鸡蛋会有什么特别的味道。

与月桂叶的荣誉感不同的是，罗勒精油给人的精神方面的力量是一种神圣感。这种神圣感就是让你意识到，我们在现实物质生活之外，还有更崇高的神圣性，我们的生命是有神圣性的。

在印度，大家都爱罗勒，都认为罗勒是圣树，就是因为罗勒的气味可以给人这种超脱物质世界，看到更精微的神圣世界的一种力量。所以当你觉得要拓宽视野或者生命的维度时，就可以好好闻一闻罗勒精油，然后用心去感受物质世界之外的那种精神存在。

罗勒

- 科　属：唇形科罗勒属
- 产　地：意大利、塞尔维亚、法国、马达加斯加、美国
- 萃取部分：叶子和花朵

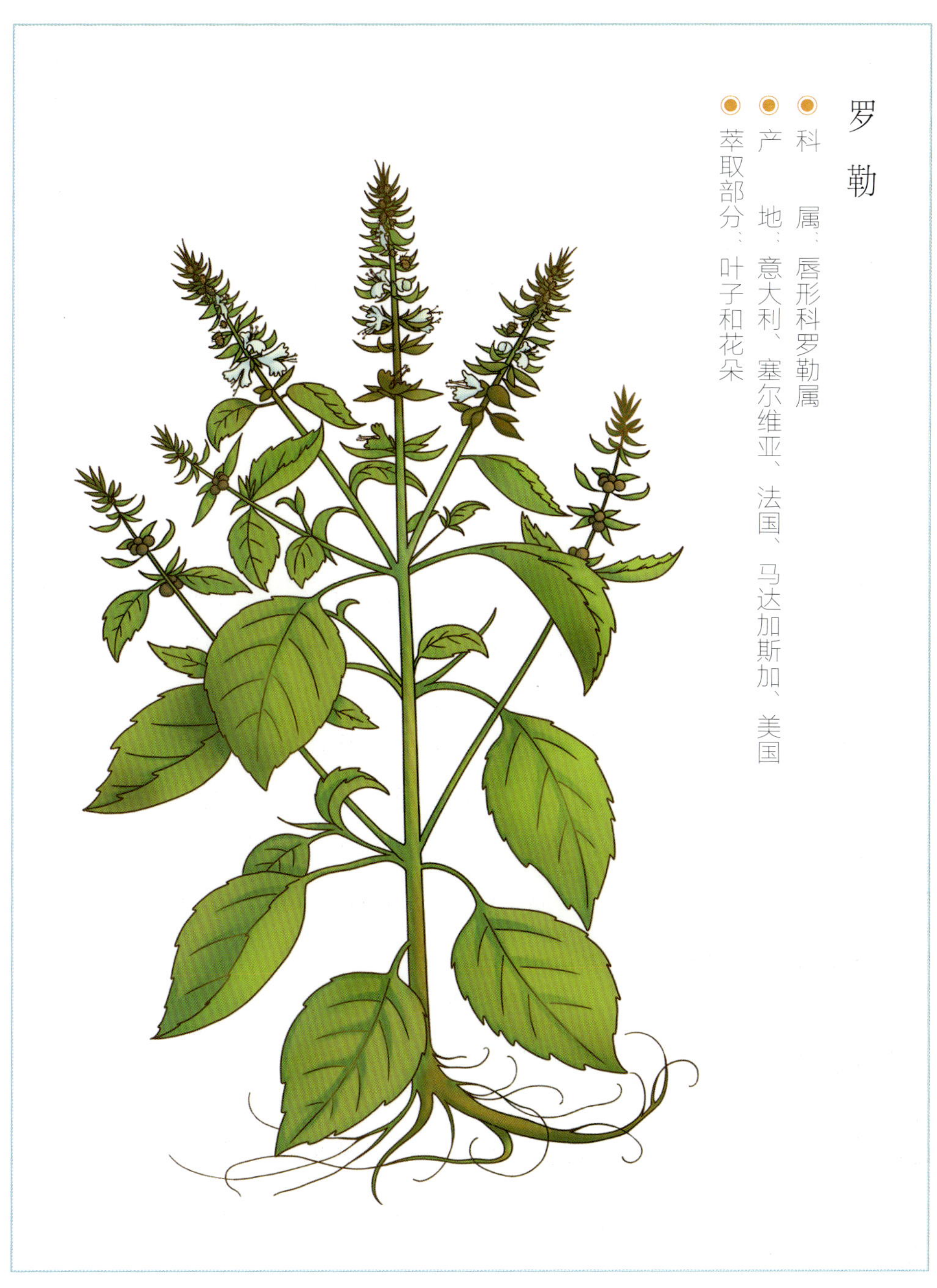

真正薰衣草
Lavandula angustifolia

色　　泽：黄色或淡黄色、黄绿色
气　　味：带有花香和药草香味
有效成分：乙酸沉香酯、沉香醇、乙酸芳樟醇
关 键 词：急救

使用注意：一般人都可使用。若是孕妇，最好在孕三月后再使用。

即使是没有接触过精油的人，我想大多也听过薰衣草精油，很多人平生拥有的第一瓶精油，往往也是薰衣草精油。这不仅是因为薰衣草本身为大家所喜爱，更是因为这种精油属于多分子精油，化学结构平衡，所以适用范围广。

事实上，“芳香疗法”这一词，最初也是因为薰衣草精油作用的发现，才逐渐衍生出来的。20 世纪初，化学家盖特福斯在一次化学实验中不慎烧伤了手，情急之下将手浸泡在薰衣草水中，发现伤口疤痕迅速愈合，这种神奇的功效引发了他钻研薰衣草功能的兴趣，并出版了第一本“芳香疗法”(Aromatherapy) 专著。在第一次世界大战期间，随军医生们就用薰衣草来治疗士兵的伤口。若是往前追溯，16 世纪的欧洲人便已经开始用薰衣草驱虫、杀虫。更早的罗马人则喜欢用它泡澡，传至英国之后，英国名媛淑女们喜欢用薰衣草来熏香、做香包及枕头。

天然纯正的薰衣草精油是可以直接用于皮肤损伤处的，对晒伤、灼伤、割伤、跌打损伤等都有效果。很多人印象深刻的可能还是薰衣草精油修复疤痕的功效，因为它不仅具有温和的杀菌、镇痛作用，同时也能够促进细

胞再生，再加上它安抚身心的作用，伤口自然就好得快。对于脱发、有头皮屑的人来说，在洗发水中滴入一两滴薰衣草精油，也能有一定的改善作用。

薰衣草精油因具有镇静安抚作用，故也成为改善失眠的“良药”。当然，前提是你要喜欢这种味道，同时用量也要控制好，若是使用过量，可能适得其反。

真正薰衣草和薰衣草的区别

说起薰衣草，大家印象中最为深刻的可能就是法国普罗旺斯的那一片紫色花海。其实那里的品种叫作醒目薰衣草，是真正薰衣草与穗花薰衣草杂交而成的。

真正薰衣草精油的产量比较少，所以价格很高，市场上我们能见到的薰衣草精油很多都是醒目薰衣草精油，它的含油量是真正薰衣草的 3 倍以上，所以价格相对便宜。我们在购买时，一定要问清到底是普通的薰衣草精油还是真正薰衣草精油。

真正薰衣草

- 科　属：唇形科薰衣草属
- 产　地：澳大利亚、法国、英国
- 萃取部分：包含花与叶的花枝端

胡椒薄荷
Mentha piperita

色　　泽：无色或淡黄色
气　　味：清凉醒脑，具有穿透性
有效成分：薄荷脑、薄荷酮、薄荷呋喃
关 键 词：提神

使用注意：低剂量使用，否则易出现皮肤过敏或恶心头痛等症状；孕妇、婴幼儿忌用；敏感性皮肤慎用。

胡椒薄荷也称为欧薄荷，是一种生命力非常强的植物，插枝即可成活。薄荷的历史也很古老，它的拉丁文名字最早来源于希腊神话：传说冥王普鲁托热烈追求女神密斯，他的妻子非常嫉妒，就把密斯变成了药草薄荷，拉丁文中薄荷一词的发音就与密斯的发音相近。这个词还有另一个来源——Mente，就是“思想”，可见薄荷与大脑是有关系的，薄荷精油的气味非常清新，有很强的穿透力，提神醒脑作用极好。

薄荷在古代大多是用来熏香或者泡澡，14 世纪的时候，又被用来美白牙齿，后来用来遮盖某些不良的气味，比如烟味、口气等。在禁止饮酒的阿拉伯国家， 人们也常常用它来提神，使用非常广泛。

胡椒薄荷精油对于消化系统的作用十分明显，对肠绞痛、结肠炎、消化不良、恶心反胃、呕吐、胀气、腹泻等病症，都有“急救”作用，此外，也有养肝护肝的作用。

胡椒薄荷精油，我最常用的方法是沏薄荷茶。其做法是先加一滴精油到一个杯子里边，然后倒入沸水。被沸水冲过之后，精油会微溶于水，然后在水面上会漂薄薄的一层油花，这就是没有溶于水的胡椒薄荷精油的油花，当然也会有一部分胡椒薄荷精油既没有溶于水，也没漂在水面上，而是挂在了杯壁上。等水表面的这一层油花蒸发汽化之后，就可以安全地饮用了，这个味道和用薄荷沏的茶的味道是一样的。

上面说的这个用法，特别适合在饭后用，因为胡椒薄荷精油可以使我们的思路变得清晰。吃完饭之后，通常情况下我们的脑子会比较困顿，喝下这一杯水，就可以避免饭后出现头脑困顿。同时，它还有助消化的作用，头脑和消化系统的症状能够同时得到改善，让我们更快地进入清晰的思维状态。对于需要专注工作的人来说，可以将薄荷精油与柠檬精油一起做成室内熏香，对于提振精神和专注力是很有帮助的。也可以将精油稀释后按摩于额头，同时闭眼深呼吸，就会感觉自己越来越专注。

都说精油是不溶于水的，不能口服，但是什么都得看量，量大了肯定不行，少量还是可以的。怎么判断少量和大量呢？就是你用精油微溶于水，只喝它微溶于水的这一部分，这就属于少量，没有问题。我们沏薄荷茶的时候，其实喝的也是薄荷叶中微溶于水的精油。我们用橘子皮泡水的时候，喝的也是橘子皮精油溶于水的部分。

各种薄荷精油的区别

常见的薄荷精油有三种：亚洲薄荷精油、欧薄荷精油（胡椒薄荷精油）、绿薄荷精油（留兰香精油）。

绿薄荷精油（留兰香精油）本书前面已经具体介绍。亚洲薄荷精油和欧薄荷精油在功效上区别不大，主要区别在于气味。欧薄荷精油偏辛辣，亚洲薄荷精油偏甜香。

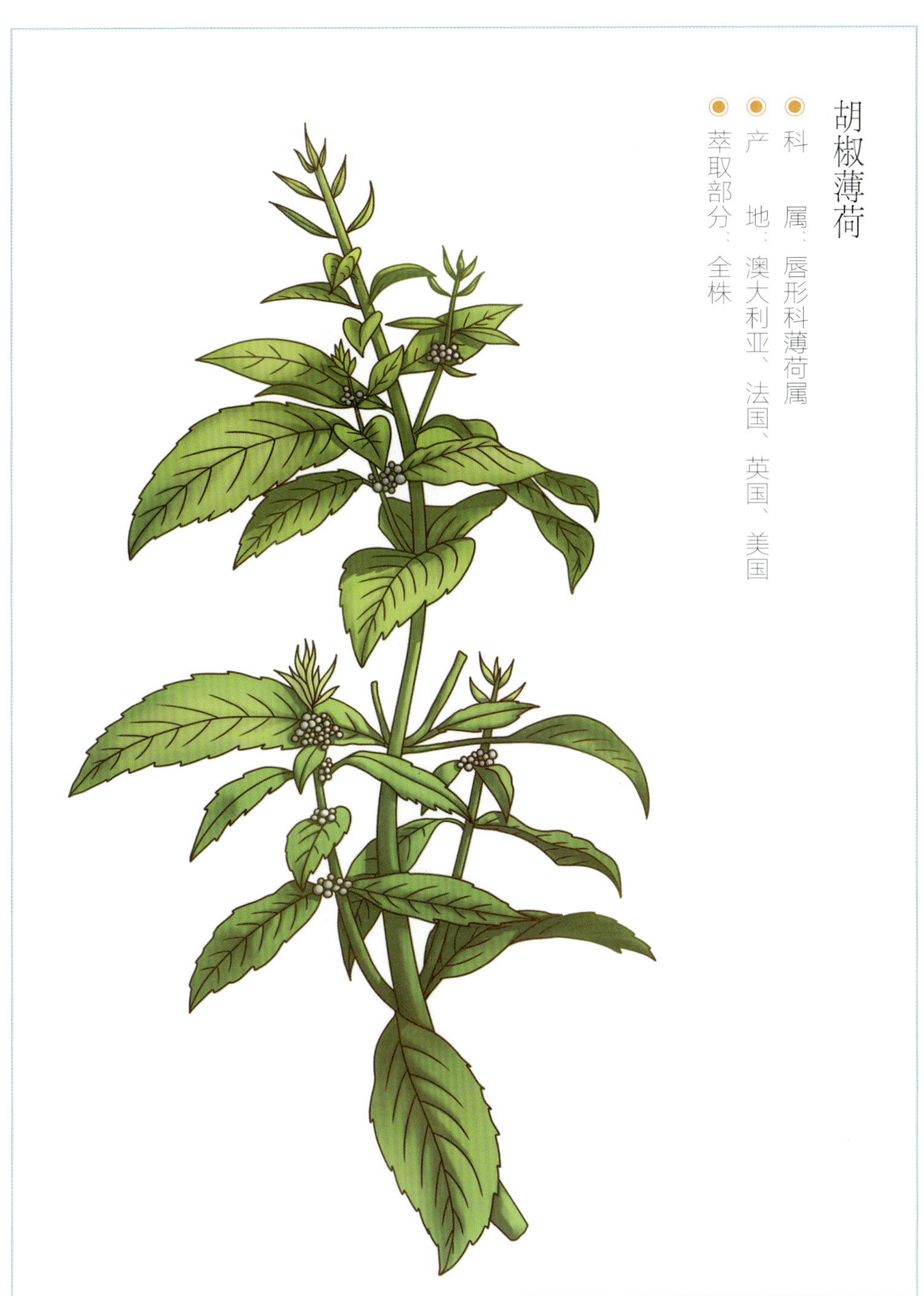

胡椒薄荷

- 科属：唇形科薄荷属
- 产地：澳大利亚、法国、英国、美国
- 萃取部分：全株

柠檬香茅
Cymbopogon flexuosus/citratus

色　　泽：浅黄色
气　　味：浓郁的柠檬香气
有效成分：柠檬醛、橙花醇、茴香醇
关 键 词：野蛮之力

使用注意：容易刺激皮肤，浓度不宜超过0.5%。

柠檬香茅也叫柠檬草，是一种热带常见植物。其精油是从叶子蒸馏而得，在家居方面用得最多的就是熏蚊子。因为柠檬香茅常常长在非常恶劣的环境中，总在遭受各种蚊虫和害虫的侵扰，所以它会根据自己生存的环境，来产生应对环境中不利的力量。这和马鞭草很像，它产生的力量就是对抗害虫的力量，所以柠檬香茅是没有虫敢咬的。我们夏天在驱蚊子的时候，可以拿柠檬草精油在床的四个角滴一滴，滴过之后，蚊子就会远离这里。

柠檬香茅还有杀菌的功效，我们在泰国菜以及东南亚料理中经常能见到它的身影。当地气候湿热，容易滋生细菌，在饮食中加入柠檬香茅，就能避免造成肠道感染。

柠檬香茅在精神方面展示出的是一种力量，一种狂野的力量，一种在逆境中求生存的野蛮之力。如果你觉得自己在工作环境中太局促，想做真实的自己，这个时候就可以多一些柠檬香茅的这种野蛮之力。或者是你觉得自己的生活过得太悲惨了，总感觉在走向绝路，这个时候也可以用柠檬香茅精油，吸闻它的香气，就能带给你逆境中求生的力量。

柠檬香茅

- 科　属：禾本科香茅属
- 产　地：尼泊尔、坦桑尼亚
- 萃取部分：全草

乳香
Boswellia carterii

色　　泽：无色或淡黄色
气　　味：树脂的香气
有效成分：松油萜、丁香油烃
关 键 词：抚慰

使用注意：对皮肤略有刺激性，须少量使用。

乳香精油是从沙漠中的乳香树上提取的。乳香树原产于两河流域和北非的沙漠边缘。当乳香树的树皮受到损伤后，就会分泌出树脂来修复它干裂的树皮。树脂干燥后会落到地上，古代人发现这个东西很好，就捡来使用。古代的乳香都是天然形成的，数量极少，所以在古代它的价值就像黄金一样。古代埃及、巴比伦、希腊、罗马等都将乳香献给其太阳神，也将焚熏乳香作为一项重要的仪式。

人是身心灵一体的，其实植物也一样，乳香树在修复自己树皮的同时，也可以修复它的精神。因为在这么严酷的环境下，它一直经受着苦难，这时候分泌出来的这种物质就可以修复自己的身心灵，所以乳香树脂中提炼出的乳香精油，也带有同样的特性，就是修复身心灵。乳香发出的气息就好似人与神之间交流的一种桥梁，在这种气韵里仿若藏有无穷的力量，能够抚慰人们心中的悲苦。

这种抚慰作用于身体，也能够有助于睡眠，因为它能让我们烦乱的心平静下来。很多时候我们睡不着觉，是因为虽然我们不愿意想一件事儿，可是它总是在心里来来去去的，而乳香就有平静这种胡思乱想的力量，所以对于乳香精油，我给它的关键词就是抚慰。

乳香精油在精神世界中的力量，可以疗愈我们以前的伤心事。比如你在十年前失恋过一次，每每想起的时候，总觉得心里有点痛，挥之不去，这个时候就可以用乳香精油，它可以让你有力量面对那个时候的痛，然后用它天生就具有的伤痕修复力，把这点痛慢慢地淡去。过往的痛并不是过去就不见了，它会在回忆的时候起作用，在潜意识中影响着你当前的意识状态，甚至是整个生活状态，乳香精油可以像一个时空穿梭机一样，带你回到那个时刻，面对那个时候的痛，把它稀释掉，让它散去，当你再回到当前时，就能以一个全新的状态来面对生活。

乳香精油的修复功能直接作用于身体，能够修复损伤的细胞，并且促进细胞再生，所以对于老化肌肤、干燥粗糙肌肤、久治不愈的伤口等有很好的修复作用。将乳香精油涂抹在肌肤上，在修复身体的同时香气入鼻，内心的伤痛也能同时得到修复。

对于情绪的修复，最好的方法是吸嗅。晚上睡不着觉的时候，可以在枕头左右两边滴两滴乳香精油，然后闻着这种香味，就能让你的思绪平静下来，安然入睡。

如果是用来安抚之前的伤心事，也可以通过吸嗅的方法。你可以拧开瓶子对着瓶口闻，也可以把它滴到手掌心搓热，然后吸闻一两分钟。它能带你勇敢地面对过去，那些伤心往事会在乳香的袅袅香气中被慢慢地稀释掉。

乳 香

- 科　　属：橄榄科乳香属
- 产　　地：埃塞俄比亚、阿拉伯半岛、索马里
- 萃取部分：树脂

依兰
Cananga odorata

色　　泽：无色或清澈的黄色
气　　味：一种厚重的奇香
有效成分：大根老鹳草烯、金合欢烯、乙酸苄酯、苯甲酸苄酯
关 键 词：绽放

使用注意：切勿过量使用，否则容易引起恶心。

依兰树又被称为“香水树”，原产于菲律宾，欧洲人发现它的气味和水仙的香味很像，就用它来制作香水。

因为依兰是大树上的花朵，所以它既继承了大树稳定、沉积、向下扎根的特质，又具备花朵的轻盈、灵动，以及调理精神与心灵的能量，带给我们平稳的喜悦感、满足感和自尊心。因此，它在精神方面的作用，可以比作花朵绽放的力量，就好像是一个热情洋溢、根本不被社会的思想框架所束缚、敢作敢为的女子。当你觉得自己太羞涩的时候，当你想让自己更开朗更自由奔放的时候，当你想表白又张不开嘴的时候，都可以用依兰精油。当你闻到依兰精油的香气时，会感受到自己的性格也在慢慢转变，使你从内向转向外向。

这种稳定与舒缓的特质，还能够帮助我们改善忧郁、失眠、沮丧，以及焦躁不安的状态，纾解我们心中的挫折感，以及对外界的不满和愤懑，进而提升我们的自尊心和自信心。这种舒缓的效果作用于身体，也能帮我们缓解因紧张而引起的疼痛，比如紧张性胃痛，以及其他慢性疼痛等。有研究显示，闻依兰精油还能预防癫痫发生，这些其实都是由它的舒缓特质决

定的。

此外，依兰精油的护肤作用也不能不提，它几乎适合各种肌肤，特别是承受情绪压力后的肌肤。在护肤的时候，一般面部是重点，把依兰精油稀释到 1% 或者是以下，涂抹至面部就可以了。

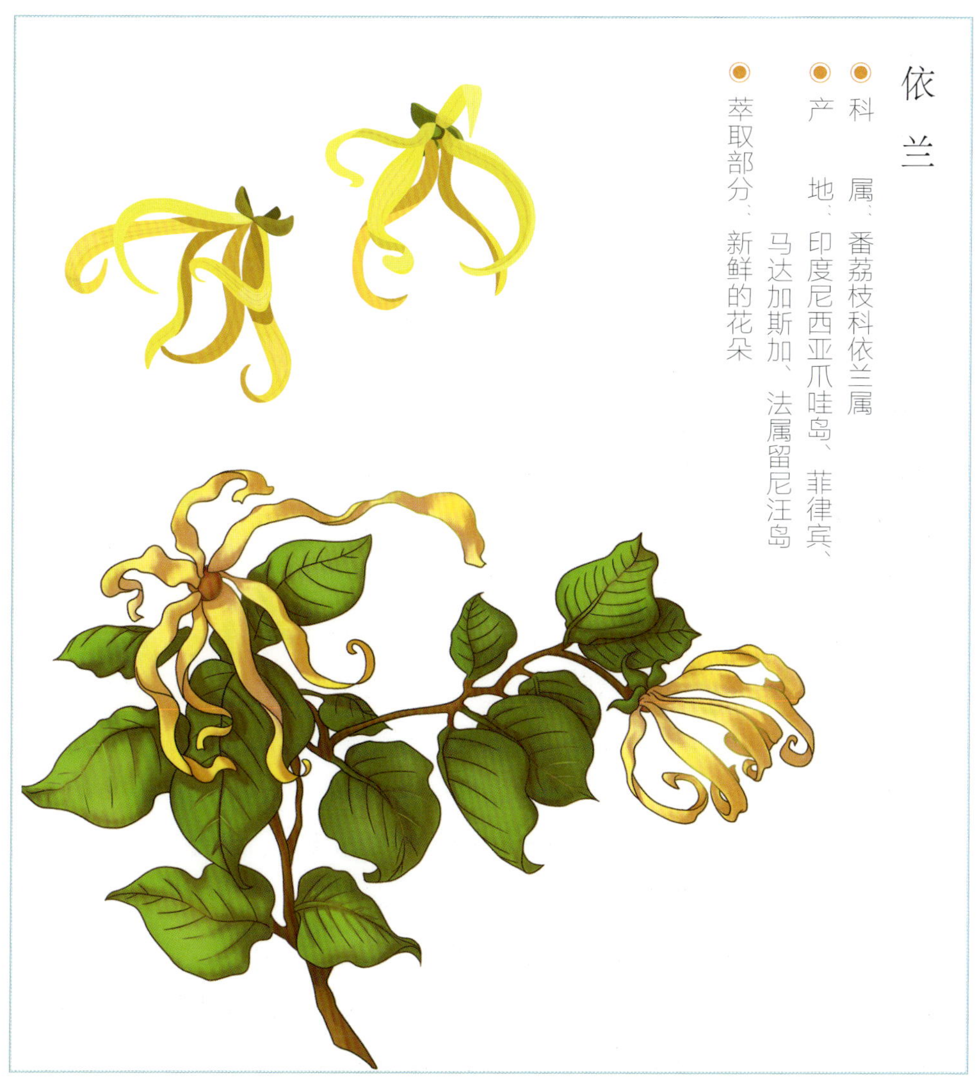

安息香
Styrax benzoin

色　　泽：深棕红色
气　　味：浓烈的香味，还有香草味
有效成分：苯甲酸松柏酯、安息香酸、香草醛
关 键 词：融化

使用注意：有些人容易过敏，使用前要做皮肤检测。

据说木乃伊中用很多安息香，因为安息香可以防腐抗菌，也可以让我们的内心变得满足。我们曾经推出过一种安息香的精油产品，是滴不出来的，因为它太黏稠了，所以使用时要把内盖撬开，用牙签往外挑了来闻香。

闻安息香精油的时候会有一种甜美感，一种满足感，这也正是安息香精油在精神方面的力量。如果你在冬天觉得自己太孤独了，生活又挺惨淡的，这个时候你闻安息香精油，就会感觉到那种丰富生活的满足感。可以将安息香精油稀释后涂抹于胸口，同时闭眼深呼吸，就能感觉自己渐渐从僵冷无依的状态中慢慢融化、复苏。对于那些感觉自己在情感上被忽略和忽视的人，安息香精油就像是一个柔软的靠垫，可以让干枯的心灵得以安稳放松地倚靠一下；对于忧思不断、焦躁不安的人，安息香精油则能让他的心柔软下来，让身心放松下来。这种稳定和安抚心灵的作用，也使得它成为冥想时最好的焚香选择。

安息香精油在生理方面最显著的作用，是有助于调理呼吸系统和改善肺部不适症状，如咳嗽、喉咙痛、气喘等，对痰证的缓解和改善作用较为明显。这些作用其实来源于它温暖流动的特性，因为温暖能够改善体内水分滞留

及黏液聚集的状况。

安息香精油还有护理皮肤的功效。安息香精油可以用来治疗皮肤龟裂，使皮肤变嫩，还可以消除皮肤方面的很多问题。因为它可以防腐抗菌，所以当皮肤有发炎症状时，安息香精油就可以“抚平”它。

安息香

- 科　　属：安息香科安息香属
- 产　　地：越南、柬埔寨、老挝、泰国、印度尼西亚
- 萃取部分：树脂

沉香醇百里香
Thymus vulgaris ct. linalool

色　　泽：淡黄色
气　　味：强劲刺激的香味
有效成分：沉香醇、乙酸沉香酯
关 键 词：欢乐的童年

使用注意：切勿长期使用，也不宜高浓度使用。敏感肌肤者、高血压患者、孕妇忌用。

沉香醇百里香是百里香中醇类含量较高的一个品种。它可以温和地提升婴幼儿的免疫力，并且有杀菌作用。同样是杀菌，有的精油善于杀死细菌，有的精油善于杀死病毒，而沉香醇百里香精油可以同时杀死细菌、病毒和霉菌，并且很温和，所以特别适合给婴幼儿使用，用法就是涂抹在皮肤上。

沉香醇百里香精油在精神方面的作用，是可以带来一个欢乐的童年，因为它就好像是一个快乐的小天使一样。所以在家里熏沉香醇百里香的时候，可以让婴幼儿的心理变得更健康，就好像是一束光在他们的心里照亮了一样，让他们像小天使一样蹦蹦跳跳，而且被光所祝福，感受到童年的欢乐。

在生理方面，沉香醇百里香精油有助于促进幼儿的消化功能，它能以非常温和的力量去推动消化系统的运转，对消化和排泄都有好处。使用方法也是稀释之后涂在幼儿的消化道相对应的体表皮肤上。不用按摩，涂上就可以。因为不管你按不按摩，精油都会透皮入血，顺血液流遍全身，认为按摩才起作用，不过是一种自我安慰与心理暗示罢了。

百里香代表勇气

据说在古希腊时期，如果一个少女有了思慕的少年，就会在自己的衣服上绣上百里香花朵的图案，或者在自己身上用百里香的花朵来做装饰，这样的话自己心爱的少年也会和自己有一样的心思，会渐渐爱上自己。如果一个少年有心爱的姑娘而缺乏勇气向女孩告白，喝了百里香冲泡的花茶之后，就会有勇气向心爱的姑娘告白。在古希腊语中，百里香这个词就是勇气的意思。

芳樟
Cinnamomum camphora

色　　泽：透明无色
气　　味：清新甜润的味道
有效成分：沉香醇、萜品醇、沉香醇氧化物、脂肪族酮
关 键 词：除臭

使用注意：非常刺激，剂量过高将导致抽搐与呕吐。

芳樟精油在空气除臭方面表现特别棒，因为它含有一种特殊的化学分子。我们平时除臭大多使用香水，但香水除臭只能通过香味去掩盖臭味，让你只闻到香味，闻不到臭味，实际上那些臭味还是被你吸入了，只是香味更浓一些罢了。但是芳樟精油除臭，是把那些臭的分子都给转化掉了，所以这时候你吸入的空气是不含臭味分子的。

芳樟精油可以以熏香的方法除臭，比如洗手间下水道反味，就可以往下水道里面滴芳樟。芳樟精油除臭当然不只是卫生间，家里哪里有异味，都可以往哪个地方滴，甚至自己身体的臭味，如汗臭、脚臭、狐臭之类，也可以用芳樟。如果是小面积的，用纯油局部滴一下就可以，如果是大面积的就不要用纯油，可以把它稀释到 10% 后涂抹。

芳樟精油在精神方面的力量是可以让人劫后再生。一片树林如果被烧光，最先长出来的就是樟树，所以樟树也代表了经历浩劫之后蜕变新生的希望。当你觉得人生已经惨得不能再惨了的时候，不妨吸闻芳樟精油的味道来帮你“反弹”；或者是你觉得根本没有希望了的时候，也可以闻闻芳樟精油，那种芳香可以给你带来一点亮光，然后慢慢地变成一大团光亮，让你希望再生。

丝柏
Cupressus sempervirens

色　　泽：无色或淡黄色
气　　味：木质和香脂般迷人的琥珀味
有效成分：松油萜、雪松醇
关 键 词：静默的勇气

使用注意：高血压患者和孕妇不宜使用。避免进入眼睛，造成视力损伤。

丝柏又名意大利柏木或地中海柏木，当然还有另一个称谓——墓柏，因为古希腊、古罗马人常常将它献给死神，所以后来就习惯于将它跟死亡、永恒联系在一起。我们中国人会在墓地周围种上松柏，也是取其永恒、肃穆的象征意味。

柏树挺拔，但又很内敛，不论长在哪里，长得有多高，它的枝叶都是往一起收的，形成塔状。这也是丝柏精油具备的一种特性——收敛。对于我们身体来讲，任何过多、过度和涣散的东西，不论是有形的疾病还是无形的精神情绪，时间长了都会有损健康，必须向内收敛，才能达到平衡、平静和稳定，这样才能保持健康。

丝柏精油在收敛这一点上对应的生理方面的作用，最明显的就是它可以促进静脉回流。很多人会发生静脉曲张，其实就是静脉回流不畅，这个时候就可以涂丝柏精油来缓解，比如小腿上的静脉曲张或者是水肿都可以涂丝柏精油。用浓度为10%的丝柏精油涂在小腿上，有助于改善静脉曲张。

很多人不知道，其实痔疮也是一种静脉曲张，所以也可以用丝柏精油来调理，将其稀释至5%~10%的浓度，涂在痔疮上就可以。

很多人常常把松树和柏树并提，其实二者在很多方面差异还是挺大的。我们知道，松树的伟岸能够给人以勇气，人有了勇气，一切都有可能。这个勇气更像是男人的勇气，是势不可当的那种。丝柏也能给人以勇气，但丝柏带给人的勇气更像是女性的勇气，是一种该收手时就收手的静默的勇气，所以丝柏在精神力量方面的关键词就是静默的勇气。因为不只是出手需要勇气，有的时候不出手更需要勇气，这就是丝柏的精神内核。

丝柏

- 科属：柏科柏木属
- 产地：德国、法国
- 萃取部分：新鲜的叶子和球果

蓝胶尤加利
Eucalyptus globulus

色　　泽：清澈的淡黄色
气　　味：樟脑般的气味和淡淡的苦味
有效成分：桉油醇、香树烯、松香芹酮
关 键 词：凉爽的风

使用注意：效果较强，应小剂量使用。高血压及癫痫患者、孕妇及小儿不宜使用。

尤加利有 700 多个品种，蓝胶尤加利是其中的一种。

尤加利这种树长得很快，所需要的水分较多，人们发现，如果把它种在潮湿的沼泽地带，很快就会改变土壤环境，把沼泽变成可利用的土壤，同时也能防止疟疾、霍乱等疾病的传播。所以，尤加利精油的主要功效是杀菌和抗病毒，而且大多属于强力的那种。

蓝胶尤加利精油对维持呼吸道健康很有效果，其作用有两个方向，一是“安抚”呼吸道，二是“激励”呼吸道。呼吸道上有纤毛，人生痰之后痰之所以能往上走，就是因为纤毛的摆动可以把痰往上运，而蓝胶尤加利精油可以促进纤毛的摆动，促使痰往上走，排出体外。同时它又像风一样，可以把呼吸道“吹通”，让呼吸道不再淤堵。所以感冒的时候，鼻涕堵住鼻子，或者是痰太多咳不出来，都可以通过吸闻蓝胶尤加利精油来畅通呼吸道。

不过，如果是老年人有呼吸道的问题，有痰咳不出来，或者是小孩子咳不出痰来，那就不能给他们用蓝胶尤加利精油，因为用了反而会更难受。小孩子咳不出痰可以用史密斯尤加利，史密斯尤加利精油是蓝胶尤加利精油的一个更温和的品种，适合小孩用。

蓝胶尤加利精油在精神方面的关键词是凉爽的风。有的时候我们有很多剪不断理还乱的情绪或信息，或者难以对某事做出抉择，让自己很疲惫，这时就可以使用蓝胶尤加利精油，就像它能够畅通呼吸道一样，它也可以畅通我们的思路，带给我们一种凉爽的风的力量，让我们变得爽朗。这种爽朗不只是性格上的爽朗，更多的是思维上的爽朗。我经常在闻着蓝胶尤加利精油的时候，感觉思维变敏捷，不再拖泥带水了。

使用时可以吸闻或熏香，吸闻的方式有很多，只要你能闻得到味，都算是吸闻。有时候我在想事想烦了的时候，就会把蓝胶尤加利精油滴在领口、胸前或者是袖口，然后我就可以时不时地闻到它的味道，而这个时候继续想事情，就会很快产生方案，或者很快做出决定，而且这些方案和决定事后证明往往都是正确的。

如果用一个图景来描述蓝胶尤加利精油对身心的效果，我可能首先想到的是，一个几十年没有人住过的老屋子落满了尘埃，然后你把窗户打开，把门打开，一阵劲风吹过，把满屋的尘土都吹走了，房子里变得很干净。大家在使用时可以自己去体会这种阵风吹过的感觉。

蓝胶尤加利

- 科　　属：桃金娘科桉属
- 产　　地：中国、西班牙
- 萃取部分：小树的枝叶

史密斯尤加利

常见的尤加利精油还有史密斯尤加利精油，它跟蓝胶尤加利精油一样，都属于尤加利精油。不同的是，蓝胶尤加利精油是成人的呼吸道用油，而史密斯尤加利精油更适合婴幼儿。而且从心灵方面来看，史密斯尤加利精油可以促进婴幼儿在童年时期的顺畅表达，因为它就像干爽的微风一样，微微浮动，让能量有流动，让语言也有流动。所以在熏香史密斯尤加利精油的时候，在生理上可以促进婴幼儿呼吸系统的通畅与健康，在心理上可以促使他顺畅地表达。

葡萄柚
Citrus paradisi

色　　泽：淡黄色
气　　味：柑橘的清香味
有效成分：右旋柠檬烯、牻牛儿醛、呋喃香豆素
关 键 词：天堂的快乐

使用注意：使用后不宜直接暴露于阳光下，以免引起光敏反应。

葡萄柚的拉丁文和天堂这个词比较像，所以你在闻它的时候，可能会联想到天堂中的小天使在嬉笑玩耍的快乐场景，自然，它的精神方面的关键词就是天堂的快乐。

葡萄柚精油在生理方面的作用是消水肿，因为带着水肿是没有办法上天堂的，要把它消掉。有的时候早晨起来，发现自己脸是肿的，或者是工作到下午时，小腿会微微发肿，都可以用葡萄柚精油来排解。

通常，葡萄柚精油用在脸上时浓度不宜超过 1%，否则可能会刺激面部皮肤。当然有的人脸部皮肤不那么敏感，哪怕是 10% 的浓度，只要你的脸能承受，都是可以用的，大家可以尝试自己对精油的耐受力。

当用作面霜、润肤乳或沐浴露的添加成分时，葡萄柚精油有助于洁净油脂性和带痤疮的肌肤，也可以帮助皮肤组织去除脂肪团，排出体内过多的水分。

对于小腿的水肿，我们前面提到过，丝柏精油可以帮助静脉回流，从而消除水肿，所以葡萄柚精油加丝柏精油就是一个很好的消除小腿水肿的配方。比如说配 10% 浓度的精油，3% 用丝柏精油，7% 用葡萄柚精油，或者

反过来，都可以。每个人对不同精油的反应程度是不一样的，你可以通过不断尝试，确定一个自己感到最为舒适的配比。

葡萄柚对皮肤的刺激性相比其他精油要小很多，可以与其他精油调配成复方按摩油使用，也可以添加在浴盆中泡澡时使用，以促进脂肪团的分解，帮助治疗和缓解精神和身体上的疲乏。

杜松
Juniperus rigida

色　　泽：无色或淡黄淡绿色
气　　味：清新，略带辛辣味的木质香味
有效成分：松油萜
关 键 词：净化

使用注意：肾脏不好者及孕妇不宜长期使用。

杜松精油萃取自杜松植物的蓝色浆果，一般采用蒸馏的萃取方法。杜松精油带有干净、清新、略带木质香的气味。它在生理方面的主要作用是排毒。据说在西藏，曾经用杜松来防瘟疫。古代罗马、希腊的医生都认为它具有很好的抗菌作用。杜松还具有净化、排毒、利尿、激励情绪等多种功能。

我们的呼吸系统是直接与外界相通的，会积累很多的毒素，使用杜松精油可以帮助人体净化排毒。可以调配至 3%~8% 的浓度涂抹全身，帮助全身的循环系统排毒。呼吸系统排毒可以用杜松精油和牛膝草精油，涂在肺部对应的体表区域，或者是用杜松纯油滴在掌心里，空掌拍肺部。

杜松精油的净化功能是非常好的，对于阻塞的毛孔、可怕的粉刺、皮癣等多种肌肤问题具有很好的改善作用，它能够平衡皮脂分泌，对改善油性皮肤的出油问题有很好的效果。

杜松精油在精神方面的力量是智慧，这种智慧不是聪明，聪明是脑子转得快，智慧是知道脑子要往哪转。所以智慧是一个人生的课题，而杜松精油可以给人带来这种智慧。当你对人生方向感到迷茫，或者是总觉得自己的人生可以过得更深一层，就是你需要更多智慧的时候，都可以闻着杜松精油来反思自己。

杜松精油日常还可以用于书房，因为它的木质味能使人平静，增强创作的灵感。

茶树
Melaleuca alternifolia

色　　泽：无色或淡色、清澈
气　　味：略微刺鼻的木质类香味
有效成分：萜品烯—4—醇、萜品烯、桉油醇、绿花白千层醇
关 键 词：勇气

使用注意：肌肤容易过敏者宜低剂量使用。

茶树精油在精神方面的力量是勇气，但是这个勇气和百里酚百里香精油的勇气不同，它是更温和的勇气，是平时状态中面对外在环境的勇气，不是百里酚百里香精油那种打红了眼的勇气。

这种勇气，对应在生理方面就是杀菌抗感染。澳大利亚的原住民很早就认识到茶树的抗菌作用，他们直接将叶子摘下来咀嚼，以治疗感冒、咳嗽和头痛。茶树精油的这种杀菌抗感染作用，不仅能“积极出击”——能够强力抑制滤过性病毒、真菌和细菌，还能强化防御——避免被感染，即在杀菌的时候又能保护有益菌群。

这种特质使它特别适合用在需要保护有益菌群的生理部位，比如女性生殖系统发炎时，就不能把所有的菌都杀了，如果不分好坏统统杀掉，就会更容易感染；再比如肠道系统感染，也需要在保护有益菌群的同时，杀灭有害菌。在这一点上，西药很难做到，西药一般都是先通杀，然后再培养有益菌。而茶树精油可以在杀死有害菌的同时又不破坏环境，实现菌群的平衡。

茶树还有一个特性，就是它的皮会自动剥落，所以澳大利亚原住民常常用它来做成小型独木舟或者刀鞘，也会用它来做屋顶。这种自动剥皮又快速生新的能力，也使得它具有改善皮肤问题的作用，皮肤有暗疤或者肤色暗沉不均，都可以用茶树精油来调理。

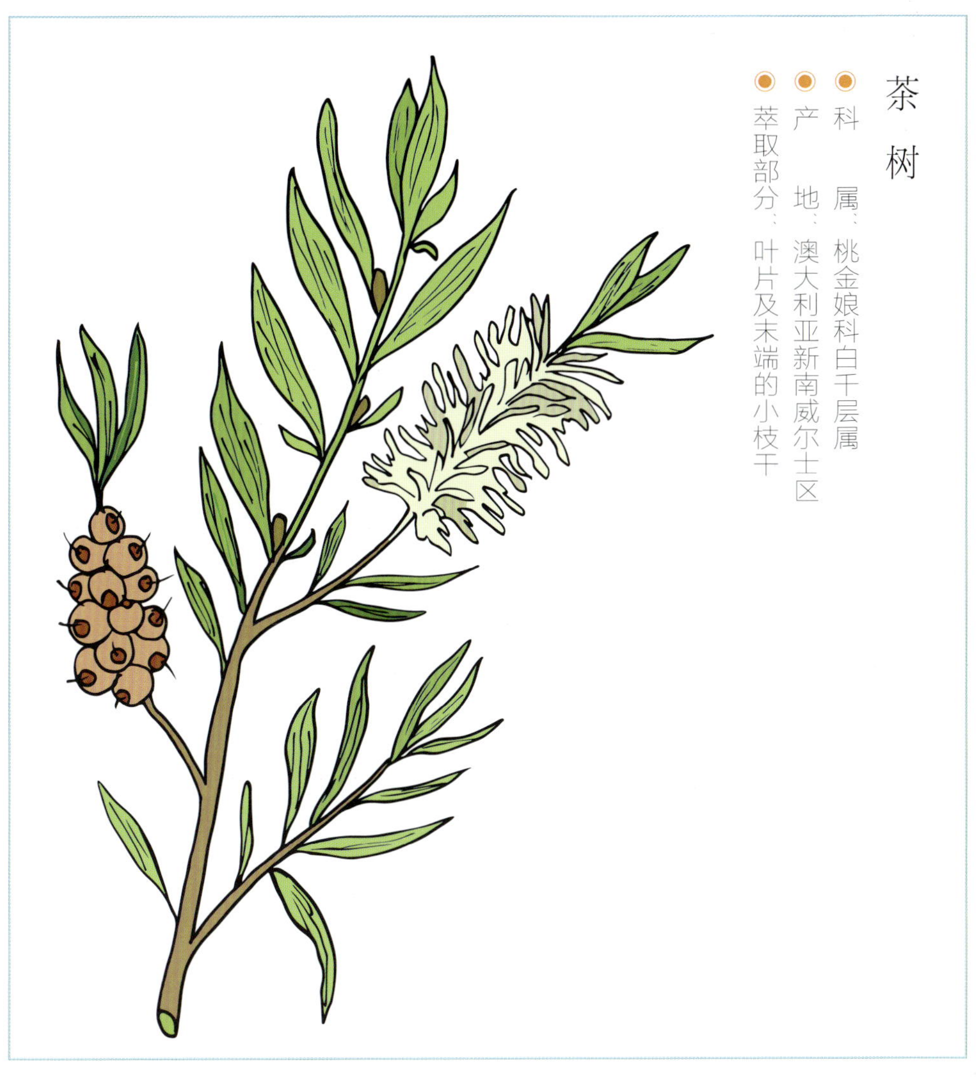

第3章

精油让你的消化系统更顺畅

消化系统是我们生命中最重要的系统之一，当我们从单细胞进化成一个生物的时候，首先获得的就是“吃东西”——消化这样一个功能，因为可以吃东西可以消化，我们就可以源源不断地获得养料，获得能量。

说到消化系统，免不了会涉及精油的口服。有很多人觉得精油严格来说不能口服，精油应该是涂在皮肤上的，英系芳疗也坚持认为精油绝对不可以口服，但是法系芳疗有不同的看法，例如潘威尔医生就说，什么是内？什么是外？我们觉得皮肤之外是外，嘴里边是内，但是我们的消化道两头是通的，它的黏膜和外部皮肤是连为一体的，那么消化道是内还是外呢？这个还有待商榷，所以法系芳疗是赞成精油口服的，且剂量还不小。

某精油品牌的创始人荷索博士，有一次在讲课的时候拿了一瓶纯肉桂精油，滴滴嗒嗒地滴到嘴里很多滴，然后喝了一口水咽下去。肉桂精油是涂在皮肤上都会有强大刺激性的精油，我们通常说它要被稀释到 1% 以下才能涂在皮肤上，但是他就敢把纯精油滴进嘴里。

所以精油并不是绝对不能口服的，只是口服的量因人而异，我建议可以从小剂量尝试着来。当你治疗消化系统疾病的时候，精油口服是一个很直接的方式，因为口服之后可以直接进入消化道。口服的一个比较安全的方式，就是把精油滴一滴到杯子里，然后冲入开水，这时你能闻到精油的香味，当看到水的表面不漂油花了，再把这杯水喝掉。

能对消化系统发挥作用的精油，很多都是香料类的，这些香料本身就可以入口食用,所以即便是口服也很安全。常用的有黑胡椒、茴香、姜、甜马郁兰、芫荽、豆蔻、马鞭草酮迷迭香、芹菜、中国肉桂等。

豆蔻
Elettaria cardamomum

色　　泽：透明无色
气　　味：香甜刺激，如姜般温暖
有效成分：桉油醇、乙酸萜品酯
关 键 词：多彩

使用注意：味辛辣，稀释浓度越低越好，以免引起皮肤过敏。

豆蔻是一种很好的香料，炖肉的时候放一点儿，不仅能提香，还能去除腥味，煮米饭时放几粒一起煮也很好。我自己蒸饭的时候，就常常会往里面扔一两粒豆蔻，没有豆蔻的时候，就加一小滴豆蔻精油。在煮的过程中，电饭锅咕嘟咕嘟响，满屋飘的都是豆蔻的香味，特别好闻，饭也会变得特别好吃。最重要的是，豆蔻还有消食的作用，能很好地保护我们的消化系统。

豆蔻在精神方面的力量是多彩，豆蔻的香味，可以让你觉得生活是多姿多彩的。当你一个人孤独地煮饭，孤独地吃饭的时候，是不是那些感觉痛苦的事情都会涌现眼前？这个时候，不妨往饭锅里放一两粒豆蔻，或者是加一滴豆蔻精油，这样在煮饭的过程中你就会觉得，其实世界是丰富多彩的。虽然是一个人，但是会感觉自己正在被美好的事物包围着，人生充满了机会，饭吃到嘴里，也会觉得真好吃。我知道，在印度，很多人煮饭的时候会往米饭里放豆蔻，我觉得我们在生活中也可以多多尝试，一点小小的改变，就可能给自己带来不同的体验和心境。

因为豆蔻在精神方面的关键词是多彩，所以当你觉得自己生活特别无聊，不知道该做什么，觉得做什么都没意思，越来越没有希望、没有活力的时候，就可以闻一闻豆蔻精油，或者滴一小滴在衣领上，带着豆蔻的香味出门，或者是在睡觉之前把豆蔻滴一小滴在枕头上，安然入睡做个美梦。

豆蔻精油还有一个好处是，它可以提升整个配方的力量。有两种精油可以提升整个配方的综合力量，一种是豆蔻，另一种是丁香。丁香具有一种火热的猛烈的力量，所以当需要用这个配方做一些“重活”的时候，比如杀菌、消炎、提高免疫力，或者是吃得太多了，想要帮助消化，就可以加入丁香精油，它会使整个配方的力量变得更强，有一种往前冲的火热力量。相比于丁香，豆蔻则更像是微风，会使整个配方的力量慢慢地沁入你的身体之中，是那种柔柔的力量，会让你感受到美好。

肉桂
Cinnamomum cassia

色　　泽：深黄色或深褐色
气　　味：甜甜的香气
有效成分：肉桂醛、苯甲醛、水茴香醛、香芥酚、安息香酸、香豆素
关 键 词：糖尿病

使用注意：高剂量可引起抽搐，稀释浓度应低于1%。孕妇禁用。

肉桂也是一种香料，就是我们在炖肉时往里面放的那个肉桂。炖肉炖排骨的时候放肉桂，其实不光是为了去腥味，还因为猪肉是寒性的，对身体不好，而肉桂是热性的，所以要放火热的肉桂中和一下，而放了肉桂，肉也会变得更好吃，所以这种搭配真是一举两得。

肉桂精油的关键词是糖尿病。糖尿病患者不能吃糖，而肉桂甜甜的，可以往咖啡里放一点肉桂，不仅因为肉桂可以代替糖的甜味，还因为肉桂本身可以帮助降糖，可以提升机体对胰岛素的反应，对于后天形成的糖尿病有一定的辅助治疗作用。我们看糖尿病患者在吃饭之前会先注射胰岛素，但这只是增加了胰岛素的量，而肉桂却可以提升机体对胰岛素的反应，所以胰岛素的量少时，我们可以用肉桂来提升机体的反应，让胰岛素保持平衡。

肉桂的精神力量，我把它形容为父亲的拥抱，它可以给人很温暖的感觉。我们拿起一块肉桂皮，闻的时候会觉得甜美温暖，尤其是天冷时，或者内心觉得寒冷时，闻肉桂精油就会有一股暖流从心里升起来。肉桂精油是从肉桂皮中萃取出来的，肉桂皮是用来保护肉桂树干的，所以肉桂也可以给

你像父亲拥抱一样的保护和内心的安全感。

我们会对肉桂的气味产生这种被父亲保护的安全感，也是因为肉桂本身就有杀菌消炎的作用，而且这种作用非常强。当我们闻到肉桂的气味，我们觉得被保护了，这也是我们的嗅觉对肉桂里含有的可以杀菌消炎的力量的确认。当我们闻到这种气味的时候，就觉得我们可以抵御外敌的入侵。

黑胡椒
Piper nigrum

色　　泽：无色或淡琥珀色
气　　味：温暖的气味，类似丁香而味苦
有效成分：松油萜、柠檬烯、丁香油烃、含氮化合物
关 键 词：激励

使用注意：不宜频繁使用，以免刺激皮肤和肾脏。

黑胡椒是一种非常古老的香料，早在公元前500年，古希腊的药草典集中就记载了它的使用方法。在印度的阿育吠陀传统医学中，黑胡椒也占有重要的地位。在古代，黑胡椒也是相当珍贵的，等同于黄金，甚至曾在很长一段时间里被用来当成货币换取商品，同时它也是很重要的一种贡品。葡萄牙人就是为了寻找通往黑胡椒之乡的道路而发现了印度，就此开启了大航海时代。说香料改变历史，一点也不夸张。

黑胡椒精油对消化系统的益处是很明显的，它能够促进整体的消化机能，促进食欲，改善胀气、结肠炎以及长期便秘等问题。这种调节作用是双向的，当你腹泻的时候，可以涂黑胡椒精油，它能帮助止泻；当你消化不良的时候，也可以涂黑胡椒精油，它能促进消化。使用的时候用3%的浓度涂在胃部和小腹即可。

和其他香料一样，黑胡椒也具有温热的功效，不过黑胡椒精油的温热不像作为食物时那么激烈，因为萃取精油的过程中去除了具有辛辣口感的胡椒碱。这种温热效果不仅有益于消化，对于肌肉骨骼、血液循环等也有促进作用。特别适合改善因为寒气或者缺乏活动造成的肌肉僵痛、虚弱无力

等症状。

这种发热的特质作用于精神，就会产生激励效应。有时候我们会情绪冷漠，感觉做什么事都没劲，想要突破但又缺乏勇气，这些都是身体阳气不足造成的，闻一闻黑胡椒精油，就能帮助我们化解这种沮丧和无力感，变得充满信心和热情。也可以把它涂抹在足心或脚踝处，会感觉有一种力量在推动你向前。

这种激励作用，也可以激发灵感，比如当你在写作时，觉得文思枯竭了，闻一闻黑胡椒精油就会给你带来创意和灵感。

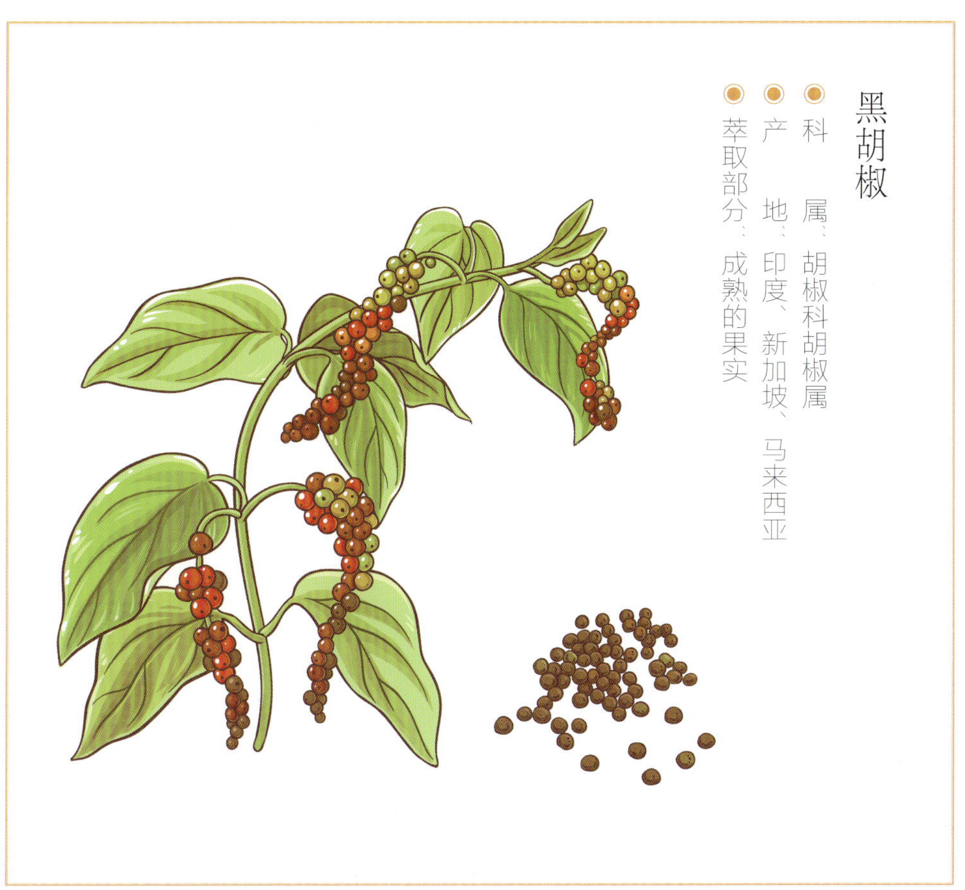

甜茴香籽
Foeniculum vulgare var. dulce

色　　泽：无色或极淡的黄色
气　　味：浓烈的香甜味
有效成分：反式洋茴香脑、甲基醚蒌叶酚、艾草醚
关 键 词：消除遗憾

使用注意：强效精油，过度使用会引发中毒。孕妇、儿童、癫痫患者禁用。

甜茴香籽又叫小茴香籽，是西方极具代表性的香药草方，它富含大量精油，而且具有极大的镇静与止痛效果，对于消化系统也有很好的调理作用。早在古埃及时，就有用甜茴香籽来清肠排便，改善消化不良、肠胃发炎与痉挛所引发的腹绞痛的记载。

甜茴香籽精油也是改善便秘的妙方。现代人饮食过于精细，如果长期缺乏高纤维饮食，加上经年累月压力环伺的情绪，往往容易引发肠胃不适，最常见的就是便秘。便秘会使肠道毒素累积，加重腹部淋巴组织的负担，使得腹部淋巴免疫力下降，以致诱发消化道特别是大肠的癌变。使用甜茴香籽精油有助于预防和改善便秘症状，同时减轻肠道压力，让消化系统工作更轻松。

甜茴香籽精油对于糖尿病的改善效果也是很不错的，和肉桂提升机体对胰岛素的反应不同的是，甜茴香籽精油可以直接降血糖。如果我们要配一个给糖尿病患者使用的精油配方，就可以用肉桂精油加小茴香精油。肉桂精油是排行第一的杀菌消炎精油，它对皮肤的刺激性也很强，所以肉桂精油可以只用 0.5%~1%，甜茴香籽精油可以多一点，用 2%~5%，基础油可以

用葡萄籽油，然后每天涂在糖尿病患者的背上，或者是吃饭前涂在胰腺的位置，或者是后背。

甜茴香籽精油在精神方面的关键词，我把它总结为消除遗憾。我们的人生中有很多的遗憾，有很多过去没有得到的东西，久久不能忘怀。闻一闻甜茴香籽精油，会让我们忘却这些。人活着需要的东西并没有那么多，那些没有得到的东西，之所以会令我们念念不忘，只是因为没有得到罢了。如果当时得到了，可能现在早已把它忘记。甜茴香籽精油可以给我们这样的智慧：即使没有得到它，你也可以知道，其实你并不一定那么需要它。这种对于欲望没有实现而给我们带来的痛苦，就会慢慢消失，不再让我们的心底留有遗憾。

生姜
Zingiber officinalis

色　　泽：色黄，深浅不一
气　　味：芳香扑鼻，温暖，使人愉悦
有效成分：姜烯、倍半水茴香烯、芳姜黄烯、金合欢烯
关 键 词：温和提升

使用注意：婴幼儿勿用，皮肤发炎、出血、溃疡时勿用。

生姜是最早从亚洲传到欧洲的香料之一，早在古希腊、古罗马时代，人们就广泛地使用它。公元前77年，古希腊著名医生迪奥思科里德就在他的《药材》一书中，将生姜列为促消化药。古埃及人还把它作为抵御疫病的药物加入食物中。在中医里，生姜也被认为有很好的恢复和补充身体阳气的作用。总的来说，生姜的诸多功效都是从促进温暖与活力这个基本的效应中衍生出来的。

生姜精油具体到消化方面的功效，就是温和提升。肉桂、丁香等精油也有提升作用，但这类精油都是像火的能量，很猛烈，而生姜精油却是比较温和的，所以我们平时能每天吃生姜，而不能每天都吃肉桂、丁香，否则身体肯定受不了，会使身体里的火太旺。

腹痛、胀气、消化不良时，把生姜精油涂在胃部，就能够温和缓慢地调节你的消化系统，为它补足能量。生姜精油还有个特点，就是有双向调节作用，无论是便秘还是腹泻，都可以用，用法也一样。经常出差旅行又容易水土不服的人，随身携带生姜精油，对晕车晕船、恶心呕吐等都有很好的预防和缓解作用。

此外，生姜精油的温和提升作用对于身体虚寒者以及女性寒性痛经等，都有不错的调理作用。

生姜精油在精神方面的作用是自我意志。我们有的时候会不相信自己，不知道自己能干什么，生姜精油能给予我们一种强大的力量，能增强我们的自我意志，让我们慢慢地相信自己，认为自己是有力量的，相信自己可以做什么。因为生姜这种植物有个特点，会迅速大量地吸收土壤里的养料，种了姜的地一两年都种不了别的作物。我们在闻到姜味道的时候，就会共振到这种力量，感觉自己是充满力量的。

用生姜精油来提升力量感，可以将其稀释后涂抹于足底或者小腿部位及手掌心，这时会感觉有一股积极正向的能量与活力贯通全身，敦促自己迅速振作起来。

甜马郁兰
Origanum majorana L.

色　　泽：深黄色或棕色
气　　味：类似黑胡椒的味道
有效成分：萜品烯-4-醇、沉香醇、萜品烯
关 键 词：面对自己

使用注意：长期使用可导致精神状态迟滞，孕期勿用，抑郁者勿用。

甜马郁兰精油的生理功效是减缓，当你觉得自己哪里躁动时，就可以使用它。比如你的胃在躁动，在疼，需要被安抚，这个时候就可以涂纯的甜马郁兰精油，它可以透皮入血，安抚胃疼。

如果我胃疼，就会滴一小滴甜马郁兰精油和一小滴黑胡椒精油在杯子里，用开水冲了喝下去。当然，口服精油仍然是一个有争议的做法，是否决定口服，需要大家自己判断。若是接受不了口服，可以涂抹在胃部相应的体表区域，效果也一样好。

甜马郁兰精油在心理方面的功效，是让人有面对自己的勇气。我们有的时候不敢面对自己，比如做了坏事，或者是无意中伤害了别人，或者是胆小，或者是有什么让自己觉得不满意的地方，比如觉得自己长得太丑之类。总之，我们没有勇气来面对自己真实的状况时，闻一闻甜马郁兰精油，就可以让你更勇敢地面对自己。

用甜马郁兰精油做冥想是很不错的，滴一小滴在手上，然后搓着双手放在鼻子上闻着它做深呼吸，这时我们闭上双眼进入冥想状态，回想那些让自己觉得尴尬的时刻，让自己悔恨的场景，让自己不想接受自己的时候，

你会在甜马郁兰精油的香气中，重新去面对这些点。当你接受自己的时候，就可以获得更强大的力量。当你更有力量的时候，会发现自己是缓慢的，根本不急躁，就像我们看很多大人物都是缓慢的状态，半天不说一句话，因为他有力量，他有权力，下面人都恭恭敬敬的。我印象很深的是电影《教父》中马龙白兰度演的那个老教父，总是那种慢慢悠悠的语速，说话的声音特别小，还是那种嘶哑的声音。但我们会觉得虽然他的表面是很柔缓的，力量却很强大，正因为有着很大的权力，所以他可以有这种柔缓的表面，就像甜马郁兰精油一样缓缓的力量。

芫荽
Coriandrum sativum

色　　泽：透明至浅黄
气　　味：甜甜的，略刺鼻
有效成分：单萜醇、右旋沉香醇、萜品烯、香豆素及内酯
关 键 词：安抚

使用注意：皮肤敏感者避免使用，产后及哺乳期女性勿用。

芫荽就是我们平常吃的香菜。在古希腊人的著作以及《圣经》中，都有关于它的记载，可以说它是我们现在已知的有记载的最早的香料了。古埃及人认为芫荽中蕴含着让人幸福快乐的秘密，所以将它作为献给诸神的植物之一，在法老王的墓穴中，考古学家也发现了它的种子。

让人感到美好、幸福、快乐，说到底就是一种安抚。芫荽精油主要是用来泡澡，泡澡时它可以很好地进入血液，我们会感到特别爽，就感觉它在用它那五彩斑斓的力量安抚我们的情绪。当我们的情绪不爽的时候，比如愤怒，或者无聊，或者不相信自己，这些时候闻一闻芫荽精油，或者是泡个澡，在洗澡水中加一滴芫荽精油，就可以感受到一种安抚的力量，让我们觉得生命是美好的。

芫荽精油的这种安抚，不仅是精神和情绪上的，它也能帮助我们安抚和净化消化系统，调节消化功能。中医上常用芫荽来治疗痢疾、恶心和疝气。平时经常胀气、腹痛、消化不良的人，都可以用芫荽精油来缓解。食欲不振时也能用，孩子也可以用。

讲到这你会发现，好多和消化道有关的精油，都能让你觉得生活是美好

的，那是因为我们的胃和情绪是相关的，让胃能吃下东西，得先把情绪变好，所以我们在煮饭时放豆蔻，在烤羊肉串时放孜然，在吃牛排时放黑胡椒，不仅仅是让食物口感好，也是为了让我们的心情爽。心情爽了，消化道也会爽，就会吃得特别香。

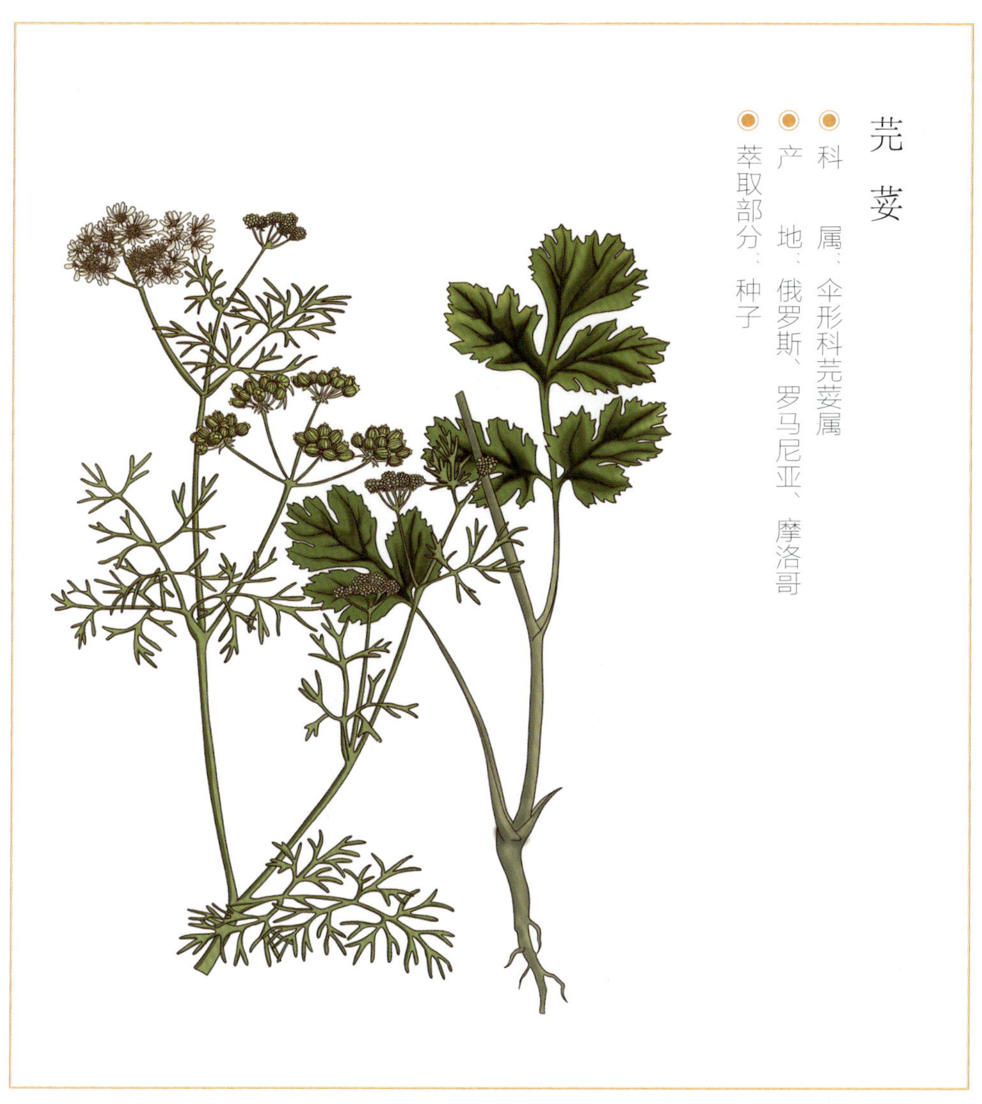

马鞭草酮迷迭香

Rosmarinus officinalis

色　　泽：淡黄色
气　　味：青草的清凉气味和樟脑气息
有效成分：马鞭草酮、樟烯、乙酸龙脑酯
关 键 词：再生

使用注意：有较强的刺激性，不适合高血压及癫痫患者；具有通经功效，避免在孕期使用。

马鞭草酮迷迭香是一种富含马鞭草酮的迷迭香，它的生理功效是可以促进肝脏细胞的再生。当你用芹菜把肝的毒素清除了之后，觉得你的肝太弱了，想让它更强一些，就可以用马鞭草酮迷迭香精油。其让肝脏细胞再生的化学成分就是马鞭草酮。

马鞭草酮迷迭香精油除了让肝细胞再生，还可以让皮肤细胞再生，我们在配面部精华、面霜的时候都可以放一点马鞭草酮迷迭香精油。具有让细胞再生功能的精油非常少，马鞭草酮迷迭香精油绝对是优秀代表。使用的时候，不要加太多，浓度最多在 0.5%，面部精油总浓度也不要超过 1%。

马鞭草酮迷迭香精油在精神方面的关键词也是再生。迷迭香这种植物本身就可以让你变得非常勇敢，而马鞭草酮迷迭香，它是让你勇敢的同时又有再生的力量。当你觉得遭遇了重创的时候，就可以

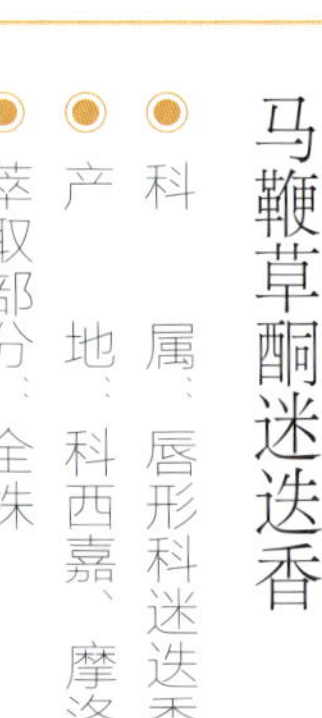
马鞭草酮迷迭香
科　　属：唇形科迷迭香属
产　　地：科西嘉、摩洛哥
萃取部分：全株

闻马鞭草酮迷迭香精油。比如你被老板骂了，不想在这个公司工作了，但是又不得不继续工作下去的时候，你需要重建自己的勇气与信心，这时可以往衣领上面滴一滴马鞭草酮迷迭香精油。或者是你和男友正在冷战中，你觉得自己快要放弃了，但是又不忍屈服，也可以滴一滴这种精油。

芹菜
Apium graveolens

色　　泽：黄色
气　　味：辛香略带苦味
有效成分：多种香豆素与内酯、单萜烯、倍半萜烯、香豆素醚
关 键 词：清肝毒

使用注意：低剂量使用，否则会使人头晕目眩，肾脏疾病患者、痛经者不宜使用。

芹菜精油不是从芹菜叶中萃取出来的，而是从芹菜籽里萃取出来的，所以闻起来和我们吃的芹菜味不太一样。

芹菜精油最擅长的是清肝毒。我之前配过一个清肝毒的魔法油，在涂了它之后，跟人拼酒的时候战斗力可以提升30%以上。因为它可以帮助肝解毒，通过让肝加速分解酒精，从而提升自己的拼酒战斗力。

不喝酒的时候，芹菜精油也可以帮助肝解毒。肝是人体非常重要的器官，肝的自我修复能力特别强，即使把肝切掉一半，它还会再长起来。如果肝

出了问题，人体就没有办法解毒了。肝的责任巨大，也很劳累，肝压力太大时，人也会疲惫不堪。我们在涂了芹菜精油之后就会发现，睡觉会睡得很沉，第二天早晨起来有一种冬眠后苏醒的感觉，非常舒爽，也不会再觉得累。就是因为涂过芹菜精油之后，它帮助我们的肝解毒，排毒时需要我们睡得更沉，肝才有精力更好地工作。身体毒素少了，当然会感觉很清爽，没有那种疲惫时的慵懒感。

用芹菜精油助肝排毒时，可以把稀释到 3% 的芹菜精油涂在肝区，在晚上睡觉前涂最好。

芹菜精油的另一个作用是美白，这其实也与它清肝排毒的功能有关。脸上长斑，很多情况下都是毒素聚集引起的，当我们身体内的毒素少了，肤色自然就会变白。中医里讲，肝是藏血的，肝功能好，血液充盈，皮肤也会白里透红，健康亮泽。

芹菜除了通过清肝美白，还有直接美白的作用，因为它里面的化学成分可以帮我们清除脸上的过氧化脂质。很多时候我们脸色暗黄，就是过氧化脂质导致的，用芹菜精油美白，可以说是内外兼修。

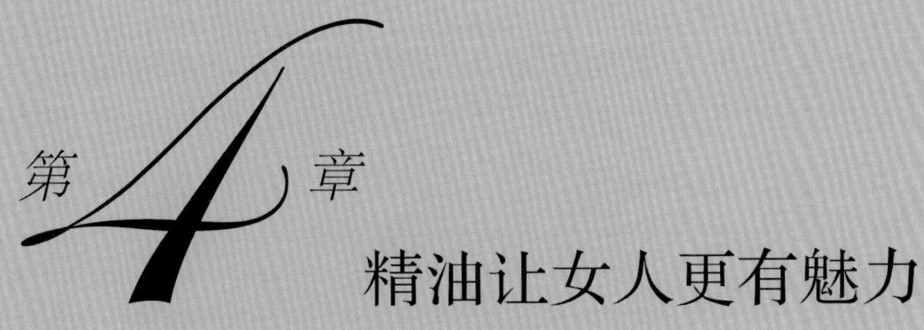

第4章 精油让女人更有魅力

这一章我们将介绍八种精油，这八种精油不仅能作用于生理方面，还能影响情绪和性格，提升女人各方面的魅力，比如怎样变得更完美，怎样变得更可爱或者更强大等。

一个有魅力的女人，她的性格也是多方面的，绝不会是单一性格。她可以既平静又充满激情，她可以既有智慧又非常单纯，这并不矛盾。就好像一颗钻石，有很多面才能映射出五彩斑斓的美丽，一个女人也是如此。

有时我们会觉得自己的决定是由自己的思想来做的。比如我们做什么或不做什么，都是我们思想的反馈，但其实真正做决定的是我们的性格。当我们的性格是有勇气的时候，就能做勇敢的决定，而我们的思想最大的用处是从理性的角度，让我们敢于执行性格所做的这个决定。所以一个人所表现出来的行为举止气质，和他的性格更相关，而与他的思想的相关性则没那么明显。

精油就是可以改善人性格的一种强大的力量。性格改善了，人变得更开心了，更快乐了，更通透了，就能更真实地展现出自己本来的样子。没有了阻碍，没有了自我压抑，人的内分泌也会变得正常，这样就达到身心平衡了。

永久花
Helichrysum italicum

色　　泽：深黄色
气　　味：香甜带有蜂蜜的味道
有效成分：意大利酮、乙酸橙花酯
关 键 词：疗愈心伤

使用注意：少数情况下会出现轻微的过敏反应。

永久花得名于它的一个独有的特点：它的花朵即使干燥了，也不会褪色和变形，所以又名 Everlasting。永久花精油的香味融合了浓郁的蜂蜜香、木香和茶香，非常难得，属于比较珍贵的精油。

永久花精油的生理功效是化瘀，具有化瘀作用的精油有不少，而永久花是最好的一种。女性皮肤有血丝或瘀斑，还有痛经等，都是血瘀的表现，可以涂永久花精油。化瘀不光是对皮肤而言，我们血管的疾病，比如血栓、静脉炎、静脉曲张一类的，也需要化瘀，永久花精油化瘀的功效使得它可以作为辅助治疗的方式。

永久花精油的抗炎效果也不错，它属于菊科，菊科植物大多都有清热抗炎的特性。在欧洲，传统上都用它来治疗各种皮肤炎症，如过敏、疹子、慢性皮炎、各种癣，以及晒伤、烧伤等。

永久花的心理功效是疗愈心伤，它能化解心理上的瘀堵。比如三年前的一次失恋，变成了一团暗暗的情绪“瘀”在那里，每每回首那一段往事，都会觉得心疼，这种心伤会使我们变得不通透，因为总是有一个地方没有办法触及，不敢触及，也会使我们笑起来没有那么肆无忌惮，失去小孩一样纯真的笑容。而永久花精油的化瘀功能就能够化解心里的瘀堵，清除我们过往的心伤，让我们不再因为过去的伤害而不敢面对自己的生活，不敢面对他人和全新的机会。使用永久花精油后，我们会感觉自己愿意变得心平气和，愿意接受和表达内心深处的创伤，心中重新充满柔软的爱。同时，其他负面情绪，如愤怒、憎恨、悲痛、绝望等，也能够得到释放，能让我们不再固执地沉陷在失落之中。

永久花

- 科属：菊科蜡菊属
- 产地：塞尔维亚、科西嘉
- 萃取部分：花瓣

檀香
Santalum album

色　　泽：浅黄至棕黄色
气　　味：香甜、有苦辣的香脂味
有效成分：檀香醇、檀香烯
关 键 词：催情

使用注意：情绪低落时慎用，否则会加重症状。用于催情时应谨慎。

产自印度的檀香精油非常昂贵，因为它萃取自生长20年以上的檀香木的树心，相当于把整棵树砍掉才能获取原料。在环保观念日益普及的今天，很多组织都在倡导使用其他功效相似的精油来代替，比如乳香、安息香等。因为印度檀香精油价格昂贵，近年来也有不少人开始使用澳大利亚檀香来萃取精油。澳大利亚檀香包含的树木品种很多，所以制作的精油价格相应低了不少。我们见到的檀香精油绝大多数都是产自澳大利亚的。

说到檀香，相信很多人首先会想到焚香，是的，檀香传统上都是用来焚香的，家庭、寺庙用的都是这种香。它的香味宁静、沉稳而有力，能够稳定地发挥静心的效果。闻着这种香气，我们会觉得自己坐在一座寺庙的庭院中，沐浴着月光，有一种平静而又精神充盈满足的感觉。檀香精油在心理方面的作用正在于此。

檀香精油另一方面的功能是催情，既给人平静的冥想感和精神上的满足感，又能催情，听起来似乎很矛盾，其实不然。因为当你有性欲时，你的性欲被压制时的平静，并不是真正的平静，它是一种不健康的平静，只有把你本来有的这个性欲催出来，让它展现出来，之后你所拥有的平静才是真正满足的平静。檀香所追求的，正是这种精神真正充盈满足时所具有的平静。这种平静不是因为你肾不好，缺乏生命力的平静，而是你身体很健康的时候，一切力量被和谐统一之后，你的精神中诞生出的那种健康、快乐、平静而充盈的感觉，这种平静充满了魅力。

檀香精油在生理上的功效是杀菌，它是很好的泌尿道杀菌剂，能改善前列腺炎以及膀胱炎、尿道炎、阴道炎等泌尿系统感染病症，传统上也用来预防性病。它催情的作用实际上也来自于它净化生殖器官并滋补肾脏的功效，因此，檀香精油对于性功能障碍或者性欲低下者有一定的调理作用。

檀香

- 科　属：檀香科檀香属
- 产　地：印度、澳大利亚
- 萃取部分：木心

玫瑰
Rosa rugosa

色　　泽：淡淡的黄绿色
气　　味：芳香扑鼻
有效成分：牻牛儿醇、香茅醇、苯乙醇、玫瑰蜡
关 键 词：爱

使用注意：女性怀孕初期避免使用。

玫瑰，人们都用它来表达爱，因为这种植物本身就充满爱的力量，所以玫瑰带给我们情绪上的影响，就是让我们觉得被爱包围着，充满着爱。当一个人充满爱的时候，他才有能力去爱别人，才会展现出自己完全的魅力。所以玫瑰的爱，既是让你自己有被爱的感觉，也是让你有爱别人的能力。

我曾经做过一次临终关怀，他是我大学同学。当时我们在乐队里，我吹长笛，他也吹长笛。他上大学时就得了肝病。毕业很多年之后，他跟我联系，说他喜欢闻玫瑰的味道，问我可不可以给他配一瓶玫瑰精油。我就在10毫升的基础油里滴了一滴玫瑰精油，那个味道已经特别浓了，因为纯玫瑰精油的味道是特别浓郁的，稀释之后依然会保持它的甜香，然后我就给他寄过去了。没想到那是我们的最后一次接触，一个月之后，他妈妈用他的微信号跟我联系，说他已经去世，在去世之前，他已经不能动了。他让妈妈把玫瑰精油涂满了全身，然后很幸福地离开了，好像是被爱包围着一样。临走的时候他的嘴角是上扬的，是微笑的，他妈妈说他走之前的最后一句话是，这香味太好闻了，我太喜欢了。这次我无意中做的临终关怀，让我感觉到玫瑰精油的爱的力量是强大的，这样一瓶浓度并不高的稀释油，

它的气味竟足以帮助一个将要离开这个世界的人感受到幸福、安全和被拥抱的感觉，可以让他微笑着离去。

除了每个人自身是需要爱和被爱的，我们的每一个细胞也需要被爱包裹着。玫瑰在这方面的能力，成就了它的美白效果。它可以用爱把每一个细胞包裹着，这个时候细胞的含水率就会提升。喜爱护肤的女性都知道，皮肤缺水时做什么护理都不行，等皮肤喝足了水以后，看着才会健康，特别透亮，怎么保养都好。

当我们用玫瑰精油来美白的时候，每一个新陈代谢后的细胞都可以在完成它的历史使命之时，在充满幸福感、被爱包围的微笑中离去。每一个细胞都这样走完它的生命全程，我们的皮肤自然会变得健康，这就是玫瑰爱的力量。它可以美白，并不只是因为它的化学成分，还因为它本身具有爱的力量。

对于心情也是如此。使用玫瑰精油的时候，我们的心情中就会有这种爱的力量，哪怕曾有过被抛弃、被虐待、被拒绝的经历，在这一刻都会被爱滋养，重新恢复爱的能力，获得幸福感。

玫瑰精油对于女性生理方面的独特作用，除了美白，还在于它能够调理子宫肌肉，有助于受孕，也可以改善子宫下垂现象。它还有调经作用，有助于改善女性经前期综合征。

玫瑰精油是结构最为复杂的精油之一

玫瑰精油含有 300 多种化学分子，是结构最为复杂的精油之一。其中含量仅为 0.14% 左右的大马士酮发挥了关键作用，正是它牵引出玫瑰的芬芳之气。

精油的不可替代性

有人曾问我，很多精油在生理功效方面似乎很相似，但价格却相差甚远，是不是可以用便宜的代替昂贵的呢？

其实，纵然是功效相似，也不能简单地认为可以替代。因为即使是生理方面的功效可以替代，在心理情绪上的作用却无法替代。比如小花茉莉的尊贵，因为有了尊贵的力量而自然生出来的放松感，就是其他精油不可替代的；再如永久花疗愈心伤的功效，也是其他精油无法替代的。所以，我们在选择某种精油的时候，不单单要看它在生理方面的功能，还要看它对心理的影响，更重要的是，你要明确具体要解决什么问题，这样才能找准精油。

小花茉莉
Jasminum sambac

色　　泽：深褐色
气　　味：清甜花香
有效成分：邻氨基苯甲酸甲酯、吲哚、乙酸苄酯、素馨酮
关 键 词：放松

使用注意：过量使用会影响注意力。孕期勿用。

小花茉莉精油在精神方面的表现是尊贵，在身体方面的力量是放松，而这两个功能其实是一致的。

如果说玫瑰精油是花中的皇后，那小花茉莉精油就是花中之王，它有一种王者的力量。我们想象一个女王可能微胖，她坐在宝座上面，下面是她的臣子，她觉得自己很尊贵，别人也会认为她很尊贵，小花茉莉就可以给女人带来这种尊贵的气质。她身体是放松的，这个和尊贵也是一致的，我们想象这个微胖的女王已经统一了江山，她坐在高高的宝座之上很有安全感。她的哥哥可能是护国大将军，远征在外，她的弟弟可能是禁卫军首领，她受到诸多朝廷大臣的拥戴。

小花茉莉给身体和情绪带来的尊贵和放松，也是这种安全感带来的，所以小花茉莉给女人带来的魅力，就是因为充满了尊贵的感觉而变得放松。

小花茉莉云淡风轻的香气能够使人感到舒适、愉快，给人以深层次的心理影响，提升自信，对于每天单调重复而造成的身心磨损有不错的调理作用。同时它也能够帮助人抵制自私的想法，消除人性中的黑暗面，学着爱自己、爱别人。

小花茉莉与大花茉莉的区别

大花茉莉和小花茉莉的化学成分大致相同，生理方面都有抗痉挛、助产、调节激素分泌、通经、调理肾虚、促进血液循环及皮肤再生的功效。但大花茉莉属于热性精油，适合凉性体质的人；小花茉莉属于凉性精油，适合热性体质的人。

大花茉莉包括摩洛哥茉莉、印度茉莉；小花茉莉一般也翻译为阿拉伯茉莉，中国茉莉也属于小花茉莉。

橙花
Citrus aurantium bigarade

色　　泽：透明的浅黄色
气　　味：香甜中带有苦味、药味
有效成分：沉香醇、橙花醇、右旋柠檬烯、乙酸沉香酯、素馨酮
关 键 词：轻盈

使用注意：需要专注时勿用。

橙花精油属于比较昂贵的精油，也是所有昂贵精油中我最喜欢的一种。因为昂贵，所以市面上仿品不少，大多是用较为便宜的苦橙精油或苦橙叶精油混合沉香醇、橙花醇等化学成分勾兑而成的，我们选购的时候一定要格外注意，价格太低的不能选。精油分子是要渗入肌肤血液中的，劣质的精油不仅起不到作用，还会对身体造成伤害。

正品橙花精油融合了轻柔的花香与清新的橙香，颇有层次感，细致而纯净，宛若清纯的女孩。同时有一种无法形容的细腻的轻盈，好像在云中漫步一样的味道。

我认为橙花精油与水瓶座的人很契合，因为水瓶座是特立独行的，他们很难统一喜欢什么样的味道。我曾让几个水瓶座的人闻过橙花精油，他们都觉得非常好闻，就好像在天空中一览无余的轻盈与快乐。水瓶座的人喜欢不受拘束地畅快行走，他们所追求的正是这种轻盈的、云中漫步似的、自由自在的力量。

不管你是不是水瓶座，橙花精油的轻盈感都可以给你带来这种力量，它可以让你快乐，这种快乐并不是在尘世之中因为取得了某种成就之后的那

种满足感，而是脱离尘世，让你行走在世俗之上的、轻盈的、纯精神性的快乐。所以橙花精油给你的性格带来的帮助，是它可以让你超凡脱俗，让你拥有金庸小说里小龙女那般超凡脱俗的轻盈通透感。作为女人，是无论如何也不能错过的。

橙花精油对于生理方面的作用，在于它能够调理和滋补神经系统，安抚心神，缓解压力。它独树一帜的清纯、柔美明快的特质，可以带来一种温婉的提升作用，对紧张焦躁、心悸失眠、精神过于敏感、沮丧抑郁等都有调理作用。特别是对调理女性产后抑郁、更年期综合征等有不错的效果。

橙花精油也是世界上第一瓶古龙香水的重要香料之一，其配方自1763年上市以来从未改变过。

蜂香薄荷
Monarda didyma

色　　泽：透明至淡黄色
气　　味：辛香清凉的味道
有效成分：薄荷脑、薄荷酮、薄荷呋喃
关 键 词：大女人

使用注意：刺激性强，需要稀释到1%以下使用。

蜂香薄荷也称为管蜂香草，它和我们前边讲过的胡椒薄荷都属于薄荷属的植物，但二者的功效大不一样。蜂香薄荷的气味比较冲鼻，整体感觉上和它的花型一样，张扬肆意。在北美地区，人们常把蜂香薄荷的嫩叶用于调酒，或者是调制饮料、凉拌沙拉。

蜂香薄荷精油对女人的好处是可以改善内分泌，调理月经。这主要得益于其所含的一种主要化学成分——牻牛儿醇，和玫瑰草精油含有的主要化学成分一样，这种化学成分可以让你变成一个火辣辣的大女人。我曾经配过一款大女人油，主要成分是玫瑰草精油，也加了一点蜂香薄荷精油，这两种精油因为含有牻牛儿醇，所以都有一个功能，就是可以增加女性生殖系统的能量。

女性生殖系统并不仅仅用来生孩子，它还有别的作用，就像我们说决定我们行为的并不是思想，而是我们的性格，而女性的性格是由女性生殖系统的能量来决定的。当这个能量充盈的时候，人的性格就会比较外显，就会比较勇敢。当女性生殖系统能量弱的时候，就会缺乏创造力，不太自信，觉得没有安全感，或者会有社交恐惧症，不敢去追求自己想要的东西。蜂香薄荷精油可以帮助女性提升这方面的能量，让女性充分展现自己的魅力。

这款大女人精油有调整内分泌和整个生殖系统的功效，具体到生理方面，比如有人在涂了之后就会排出瘀血，这样就可以使生理周期变得有规律。它还可以调理痛经，痛经的原因是气血不通，这种不通畅，就是因为女性生殖系统的能量不足而没有办法把垃圾排出去，蜂香薄荷精油可以加强这个力量，再加上天竺葵的平衡，就能使一切变得和谐。

内分泌通畅之后，女人就会变得更美丽，性格也会变得开朗、美好。

另外，牻牛儿醇也有很强的抗菌抗感染作用，而且相对其他单萜醇精油，其抗菌作用更直接、更强，可以用来治疗一些较为严重的感染，比如带状疱疹可以涂1%的蜂香薄荷精油，能有针对性地治疗。不过，它对皮肤的刺激比较大，即使是1%的浓度，若是涂在脸上，还是会有微微的刺痛感。但刺痛过后，整个脸部会有微微收紧的感觉，这也说明蜂香薄荷精油具有一定的收敛性。如果是用来消除痘痘的话，还是很有效果的。

蜂香薄荷

- 科　　属：唇形科薄荷属
- 产　　地：法国
- 萃取部分：茎叶

第5章
精油帮你改善妇科炎症

对于妇科炎症，使用精油比使用西药有优势。西药主要是用盥洗的方式，但是使用西药盥洗有一个缺陷，就是会杀灭所有的细菌，包括有害菌和有益菌。而菌群的平衡是非常重要的，如果有益菌也被杀灭了，菌群失去平衡，那么环境就会遭到破坏，有害菌会很容易再次滋生。所以，用西药治疗妇科炎症通常都要经过两个步骤，第一步是杀灭所有的细菌，第二步是慢慢培养起有益菌的菌群。

而植物是有生命的，精油是有灵魂的。比如，天竺葵可以平衡油水，油多了它可以减油，水少了它可以补水，所以它的作用不是单方向的。这种智慧在作用于菌群时也可以体现出来，就是它会知道哪一种细菌是好的应该留下，哪一种细菌是坏的应该杀掉。

比如人的胃里是有菌群的，西药治胃炎也会把好的细菌和坏的细菌都杀掉，精油治胃炎的原理则是在维持菌群平衡的基础上把有害菌杀掉，比如用5%~10%的黑胡椒精油涂在胃部，就可以把有害菌杀掉。如果勇敢一些，可以口服冲水后的黑胡椒精油，这样精油可以直接进入胃中杀灭有害菌，同时维持菌群的平衡。精油治疗妇科炎症也是如此。

精油用于治疗妇科炎症有三种方式，一是精油冲水盥洗，二是把精油滴在内裤上，三是把精油涂在腹股沟。

腹股沟就是腹和股之间的沟，股是大腿，腹是肚子，就是肚子连接大腿的那条沟。腹股沟有淋巴结，而淋巴是免疫器官，把精油涂抹在腹股沟时，精油可以透皮入血，激励免疫系统的杀菌力量。同时，精油也可以通过腹股沟扩散进入血液而直接杀菌。

需要注意的是，涂抹腹股沟使用的精油杀菌能力往往是非常强的，这种强力杀菌的精油会对皮肤造成刺激，不宜用它直接涂抹黏膜，或者是滴在内裤上，或者是盥洗，只要涂抹在腹股沟效果足矣。

波旁天竺葵
Pelargonium asperum

色　　泽：深黄至深棕色
气　　味：清新甜美，花香中略带柑橘味
有效成分：牻牛儿醇、香茅醇、薄荷脑、甲酸牻牛儿酯
关 键 词：平衡

使用注意：有刺激性，避免纯剂使用。孕期勿用。

波旁天竺葵精油是一种比较温和的精油，可以用于盥洗和滴在内裤上，它的关键词是平衡，可以在平衡的基础上杀菌。

盥洗的方式就是加一滴精油在一个瓶子里，然后用开水冲到这个瓶子里，就好像喝精油时一样，等表面没有油花，水晾温后，就可以当作盥洗液来使用。

用波旁天竺葵当作盥洗液还有一个原因，因为它是单萜醇类精油，而单萜醇是所有化学成分中比较容易溶于水的。我们平常总会说精油里的化学成分不溶于水，这只是一个笼统的说法，应该说是微溶于水。不同的化学成分有不同的水溶性，而波旁天竺葵精油的主要化学成分单萜醇，就是一种水溶性比较高的成分，所以用来配制盥洗液非常合适。

波旁天竺葵精油还有一个作用是可以平衡内分泌。当我们的内分泌平衡时，生殖系统的能量就会变得和谐，抵抗妇科炎症的能力也就更强。平衡内分泌的方法是，用 5% 的天竺葵精油涂抹小腹和脊柱，每天 1~2 次，连续使用一个月，你就会发现生理周期变得和谐了。

这种平衡作用对于情绪的影响也是显而易见的，在情绪波动大的时候闻

闻天竺葵精油，情绪就可以慢慢平衡下来。可以滴一滴天竺葵精油在手上搓热，然后闻 1 分钟。情绪紧张会引起生理紊乱，天竺葵精油的平衡作用可以帮助女性缓解经前期综合征，比如情绪暴躁、全身浮肿等，对于经期不规律，以及更年期女性的身心调理也颇有帮助。

罗文莎叶
Cinnamomum camphora

色　　泽：透明无色
气　　味：辛凉刺激的味道
有效成分：桉油醇、松油烯、柠檬烯、蛇床烯
关 键 词：温柔杀菌

使用注意：对皮肤非常安全，儿童也适合使用。

罗文莎叶是马达加斯加岛独有的一种植物，外形很像樟树，其英文名称 Ravensara，原意是“美丽的叶子”，整棵植物都很芬芳，从树皮、树叶到果实都被人们作为香料和医疗用途。罗文莎叶所含的化学成分非常多，其精油的味道也很特别，一开始味道很强劲，后面慢慢浮现出丰富的森林树木的味道。由于它含有 50% 的氧化物，所以和迷迭香等精油相近，但是却平和很多。

罗文莎叶应用到芳疗上大概始于 20 世纪 80 年代，虽然时间不长，但由于其温和、高效抗菌的效果，成为多用途的家庭常备精油，各类人群均可使用，非常安全。而其丰富的功效几乎可与薰衣草相提并论，和其他精油混合后的效果往往比单独使用效果更好。对茶树或薰衣草味道不太能接受的人，罗文莎叶精油是他们很好的选择。

罗文莎叶的关键词是温柔杀菌，其所含化学成分相当丰富，所以会互相平衡，使得其刺激性很低，效用比较平和。用来杀菌的话可以直接滴在内裤上，将纯精油往内裤上滴一滴，它可以慢慢地扩散进去。

由于罗文莎叶精油的化学成分中，氧化物占了 50%，因此它的杀菌和抗

病毒能力很强悍，对肠炎、病毒性感冒等疾病也有缓解作用，吸闻、涂抹、熏香都有效。特别是春季流感高发季节，可作预防之用。

罗文莎叶精油在情绪方面的关键作用是理出头绪，属于“拨乱反正”的高手，可以帮助你从混乱的思绪中迅速剥离出来。当我们的想法很庞杂，不知道怎么走，不知道从哪儿开始想，没有头绪的时候，闻一闻罗文莎叶精油，那带着马达加斯加的独特与清新的气味，就能帮助你从一片混沌中剥离出简单的自己，慢慢地理出事情的头绪。

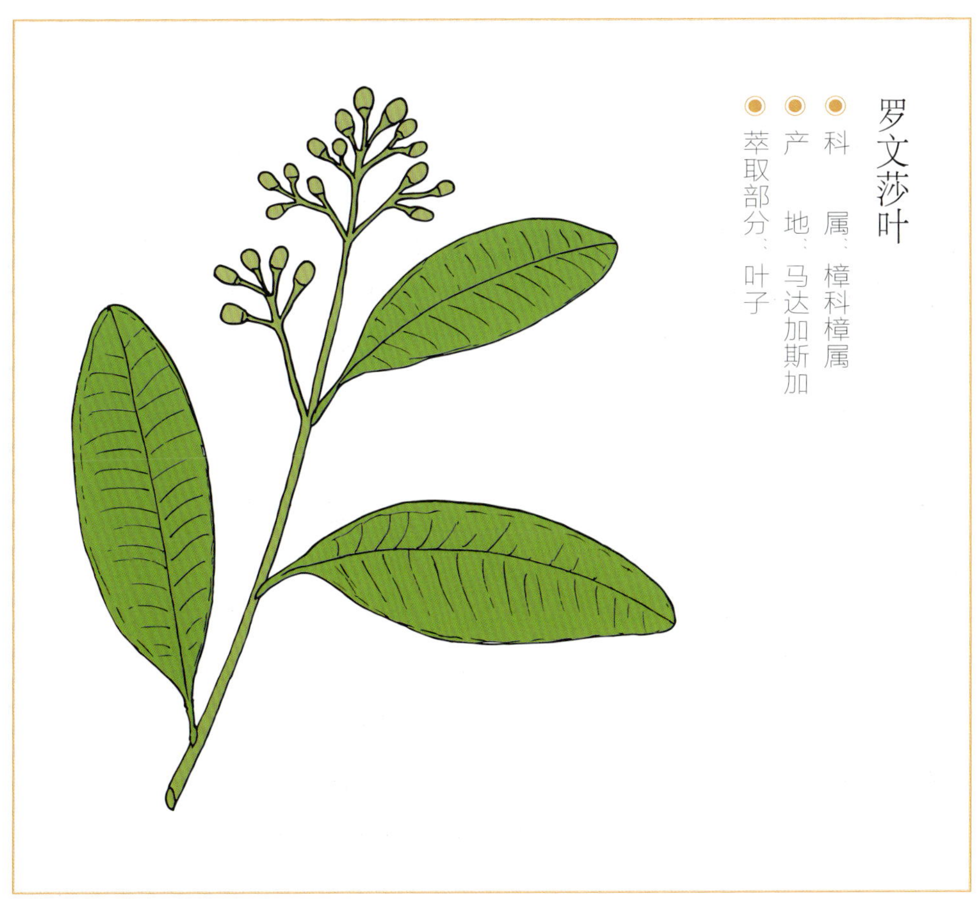

冬季香薄荷
Satureja montana

色　　泽：深黄色
气　　味：辛香清凉的味道
有效成分：香荆芥酚、丁香酚、百里酚、萜品烯、对伞花烃
关 键 词：强力杀

使用注意：孕妇不可大量使用。

很多精油书在讲到各类精油的功效时，基本上都会提到有消炎杀菌的作用，其实这种表达不严谨，容易误导消费者。因为很多精油的消炎杀菌力量都比较弱，如果我们在需要消炎杀菌的时候用了力量弱的精油，反而会耽误病情。杀菌消炎力度的强弱要看成分，排名第一的化学成分是肉桂醛，代表精油是肉桂精油，排名第二的是香荆芥酚，代表精油就是冬季香薄荷精油和我们后面要讲的多苞叶尤加利精油。

香荆芥酚刺激性非常大，所以这类精油不适合滴内裤和盥洗，只能涂抹腹股沟。它的杀菌作用不是把所有的细菌都杀掉，它只会杀灭有害菌，所以比起使用化学药品要安全得多。使用时可以用 1% 的浓度，2% 已经算是极限了，因为它太强大了。将其涂抹在腹股沟，每天早晚各一次即可。

除了强力杀菌，冬季香薄荷精油还有一个关键词是干净利落。薄荷这种植物，可以给人干净利落的力量。普通的薄荷可以用来饭后沏薄荷茶，既助消化又提神醒脑。我在家养了一盆薄荷，饭后困的时候我就会揪下来一片薄荷叶，用开水沏一杯，然后慢慢喝下去，这样既不困了，又有助于消化。冬季香薄荷这种植物其实并不是薄荷，从植物科属上来说，和薄荷也没什

么关系，人们还是把它称为薄荷，是因为它有着很多薄荷的特性，比如像薄荷一样给人带来通透、干净利落的力量。以前的人们对植物科属并不认识，所以他们对植物的命名就只看这种植物能做什么用。冬季香薄荷除了和薄荷一样可以给人干净利落的力量，同时它又有强力杀菌的力量，反过来又使这种干净利落的力量更加强大和明显。

当你已经选定了方向，但是又对一些东西无法舍弃，或者是心里知道自己应该怎么做，却又有一些没有办法处理的状况，这个时候就可以闻闻冬季香薄荷精油，它会帮助你快刀斩乱麻，把情绪状况调整到最佳状态。

冬季香薄荷还有一个重要的功效是补阳气，可以用浓度为 1% 的冬季香薄荷精油涂抹整个后背，这样有助于提升机体免疫力。

冬季香薄荷

- 科　　属：唇形科
- 产　　地：法国
- 萃取部分：茎叶

多苞叶尤加利
Eucalyptus polybractea

色　　泽：清澈的淡黄色
气　　味：樟脑般的气味和淡淡的苦味
有效成分：隐酮、对伞花烃、水茴香醛
关 键 词：强力杀

使用注意：婴幼儿、老人、有咳嗽症状的人尽量避免使用。

多苞叶尤加利也称蓝叶尤加利，多苞叶尤加利精油属于单萜酮类精油，主要成分为隐酮，这是精油中比较少见的分子，擅长处理情绪纠葛与器官病变，高剂量使用时可以辅助治疗生理疾病，低剂量时可以调节情绪。

多苞叶尤加利在心理方面的作用，是那种揭开面纱后的真相，穿过帘幕，勇敢地与世界站在一起。同时，它对心灵的平衡与协调也有贡献，所含的隐酮能振奋神经系统，并将心境导向清明，加上诸多激励人心的芳香分子一起协同，能让人抽丝剥茧地调节情绪，同时也愿意付诸行动。所以在处理比较复杂的心因性疾病时，可优先考虑。

多苞叶尤加利精油非常适合表面平静但内心波涛汹涌的人。这类人偏向隐忍情绪，以维持表面和谐，但是心中已充满了猜忌与错乱的紧张情绪。长期积累，精神难免耗弱，免疫系统也产生漏洞，因为所有力气都拿来争斗（不论是对自己还是对他人），无法好好关照自己的身体，器官当然容易受到感染。特别是对于严重的生殖泌尿系统感染很有效果。

多苞叶尤加利精油除了有强力杀菌抗感染的效果，还有一个特别之处是能够安抚被侵害后的身心损伤。使用方法也是涂抹腹股沟，也可以同时熏香，闻它的味道。比如人被性侵之后会有一系列的心理和生理问题，多苞叶尤加利精油有助于同时处理这些问题。

同时这种强力杀菌的效果也可以用在心理上，人被性侵之后，会觉得没有办法保护自己，会变得很惊恐，会对很多状况都特别敏感，多苞叶尤加利精油的力量就是告诉自己，好了，没有问题了，你现在已经手握武器，已经有了保护自己的力量。

多苞叶尤加利精油和冬季香薄荷精油一样，具有轻刺激性，用来治疗妇科炎症时不可使用滴内裤和冲水盥洗的方法，只能稀释到 1%~2% 的浓度，涂抹腹股沟两侧，每天 1~2 次就可以了。

德国洋甘菊 Matricaria recutita

色　　泽：深蓝色
气　　味：甜苹果味
有效成分：母菊天蓝烃、没药醇、倍半萜氧化物类
关 键 词：冷静保护

使用注意：有通经作用，孕早期勿用。

德国洋甘菊精油属于比较昂贵的精油，它的颜色也很独特，是深蓝色，这源于它的一个重要成分——母菊天蓝烃，这也是德国洋甘菊精油属具有超强消炎能力的关键所在。市场上有一些假冒品，因为添加了人工合成的母菊天蓝烃，放置时间长了，颜色就会逐渐消退成浅绿色或棕色。所以这个深蓝色也是我们辨别其真假的关键。

德国洋甘菊属菊科植物，承袭家族清热消炎的功效自不必说，而且它还含有高比例的母菊天蓝烃和 α－没药醇，这两种成分都是抗炎的助理，因此它抗敏消炎、治疗溃疡的能力很强，只需少量使用就能改善皮肤炎症，属于调理皮肤炎症的一线精油。

清热消炎其实就是让局部冷静收敛。像湿疹、皮炎、妇科炎症等，感到特别痒的时候，就可以用德国洋甘菊精油，它可以让你冷静下来，并且安抚瘙痒。皮肤炎症很多时候也是免疫力和情绪状态的反映，德国洋甘菊精油能够激励和提振免疫功能，这也是它能抗炎的一个原因。女性生理期很容易出现情绪问题，情绪问题反过来又会导致生理疼痛等症状，德国洋甘菊能够舒缓肠道及子宫肌肉，对于缓解痛经和经前偏头痛有很好的效果。

相比于冬季香薄荷精油和多苞叶尤加利精油，德国洋甘菊精油的消炎杀菌和抗过敏作用比较舒缓，所以在瘙痒时可以试试使用纯精油。这是一种温和的精油，如果像我们前面介绍的那几种精油一样涂抹腹股沟两侧，作用会比较弱，最好的办法是直接滴在内裤上。

德国洋甘菊精油的情绪关键词是温暖的毯子，我们看德国洋甘菊这种小花长在山上时，都是一片一片的，好像是保护大地的毯子一样。当你害怕的时候，觉得寒冷孤独的时候，或者你觉得需要一个拥抱才能令你感到安全和温暖，让你回到良好的精神状态的时候，都可以闻闻它，它会给你一种被包裹、被保护、被温暖的感觉，就像小时候被爷爷奶奶抱着，不会受伤害的那种安抚的温暖感觉。

玫瑰草
Cymbopogon martini

色　　泽：浅黄或黄绿色
气　　味：近似玫瑰的甜美花香味
有效成分：牻牛儿醇、沉香醇、橙花醇、酯类
关 键 词：生殖泌尿系统杀菌

使用注意：敏感肌肤者慎用。

玫瑰草又叫印度天竺葵或者罗莎，原产于印度，是一种野草。玫瑰草精油萃取自玫瑰草的叶子，采用的是蒸馏法。

玫瑰草精油有甜甜的花香，略带甘草味，并隐隐散发出玫瑰的气息，因此而得名，而且也正因如此，它常常被商家掺到较昂贵的玫瑰精油中。玫瑰草精油与玫瑰精油除了气味有一点点相似，其实是完全没有关系的。

玫瑰草精油的主要功效是杀菌，而且是专杀生殖泌尿系统的病菌。像锡兰肉桂、百里酚百里香一类的精油也都有杀菌的作用，它们杀菌的时候，使用方式都是哪儿有菌就往哪儿涂，但是玫瑰草精油不太一样，因为它擅长的是生殖泌尿系统，而生殖泌尿系统表面不是皮肤而是黏膜，黏膜对精油的耐受力很低，所以使用时不能直接涂抹在黏膜上。

像玫瑰草精油这种有刺激性的精油，正确的使用方式是涂在腹股沟，因为腹股沟有淋巴结，可以生成杀菌的免疫细胞，然后通过这种间接的方式，用玫瑰草精油刺激腹股沟淋巴结，从而达到保护生殖泌尿系统的目的。

玫瑰草精油在精神方面的作用是“大女人”。我曾经配制过一款大女人精油，就是通过提升女性生殖系统能量，进而调节女性生理周期乃至性格，

让女人获得一种能量。这种大女人精油的主将就是玫瑰草精油，因为玫瑰草精油不但可以激发生殖泌尿系统，还可以在生殖系统整体的能量方面给予力量，让它得到提高。

很多女性在涂了大女人精油之后，会有各种各样的反应，有人觉得生理周期变得有规律了，肚子也不疼了；有人会排出一些瘀血，因为平时生殖系统的力量较弱，没有力量排出来；还有人用了之后会做很多梦，在梦里可能会打架骂人之类，然后在现实生活中她会发现，并不是那么压抑自己了，有了更多的力量，变得更开朗了。

第6章

给老年人的精油疗愈处方

精油的使用人群其实是很广泛的，除了婴幼儿有一些精油不能使用，其他大部分人都可以用，老年人除了有特殊疾病的，也大都可以使用精油。

精油对老年人的作用

精油对老年人有独特的优势。一是精油可以增强生命力，因为老年人有很多疾病是由于生命力衰弱导致的，同样的病在年轻人身上可以被其自身免疫力抵抗掉，而老年人就不能。普通的西药只能针对具体的病来治，但是精油却可以增强老年人的生命力，从根本上强壮身体，抵御疾病。二是老年人面对生命的逐渐消亡和身体的逐渐衰弱，会有各种各样的情绪，使用精油可以帮助调整情绪，使其乐观地面对生活。

我父亲 60 岁之后就出现了各种各样的症状，都是他年轻时没有的，比如皮肤容易过敏，鼻子容易干，还有身体各处经常疼痛等。每次出问题的时候他都习惯去医院，医院开的药他自己都觉得是治标不治本，但是吃着也算是一种安慰。有时吃了之后能管用一阵子，但是长期来看解决不了根本问题。后来我跟他讲精油的作用，慢慢地，他发现我配的油还真管用，使用后他的问题已经越来越少了。

老年人的情绪问题会比较多，很多生理问题都是由情绪带来的，所以使用熏香效果会好一些。给老年人用精油，有时不用跟他解释那么多，因为他们有时候不太信，可以悄悄地滴到他们的枕头上或者衣服上。然后观察他的变化，这是一件很有意思的事情。

老年人的使用剂量

精油对老年人身心状况的改善是一种本质上的改善，这种改善虽然不如药物来得快，但一旦发生，效果就会持续很久。所以非常鼓励大家给自己的父母使用精油，只是要注意用量。老年人因为肝脏和肾脏比年轻人脆弱，皮肤也会比年轻人脆弱，容易过敏。所以老年人使用精油的剂量相比于年轻人，一开始可以减半或者只用 1/3，如果没有什么问题，再慢慢增加剂量，一直到觉得可以承受为止。

没药
Commiphora myrrha Engl.

色　　泽：从浅到深的琥珀色
气　　味：浓厚的烟味和苦味
有效成分：蓬莪术烯、榄香脂烯、古巴烯
关 键 词：抗菌

使用注意：低剂量使用。孕妇勿用。

没药精油萃取自没药的树脂，它的气味比较特别，有一种烟味，还略带有麝香味。

没药与乳香类似，都是被古老文明的国家应用于医药、香水及香料的材料。《圣经》中就有将没药与蜂蜜混合来治疗外伤和发炎的记载。古代波斯王头戴的花冠就是没药木制作的。雅典妇女则用没药来防止皱纹产生，因为没药香脂具有极强的收敛效果，用它来熏蒸有很好的美容作用。没药还具有极强的保存特性，因此也常被用于木乃伊的制作。

没药精油的关键词是抗菌。没药精油的抗菌作用属于温和的那种，特别适合老年人使用。没药精油和乳香精油一样，也是树脂类精油。沙漠中的干枯树木如乳香，其树皮被晒裂之后会分泌出树脂，从树脂中就可以蒸馏出精油，没药精油也是从干裂的树皮中分泌出来的树脂。树脂是用来自我修复的，所以从树脂提取出来的精油天生就具有修复伤痕的能力。

没药精油的化学成分也使它的抗菌能力显得温和。老年人的皮肤问题，如果用肉桂、尤加利之类的精油会有点太猛，他们可能受不了，选择没药精油就没有问题。而且没药精油抗菌的范围很广，无论是平复伤口，还是

修复湿疹造成的皮肤问题，都可以使用。

没药精油和乳香精油都可以疗愈心里的伤痕，即抚平过去的心灵创伤。但是没药精油和乳香精油还有不同，乳香精油疗愈的是深远的心灵伤痕，比如很久以前发生了一件事，你一直难以忘怀，就可以用乳香精油。而没药精油是对近期发生的心灵伤害有一种强力扭转的心理疗效。比如老年人下棋时悔棋，因为别人不让而吵架，愤愤回到家里，有时候会和小孩一样发脾气，闷闷不乐。没药精油这种气味就可以帮他调整情绪，让他忘记这点不开心的小事，保持乐观的心态。

没药

- 科 属：橄榄科没药属
- 产 地：中国
- 萃取部分：树脂

佛手柑
Sarcodactylis

色　　泽：翠绿色
气　　味：气味清新，并带有些微的花香
有效成分：乙酸沉香酯、右旋柠檬烯、沉香醇、呋喃香豆素
关 键 词：暖阳

使用注意：有光敏性，用后避免晒太阳和接触光，晚上用为好。

佛手柑是一种重要的药材，能疏肝理气，平复心绪，国外的许多药草书都记载它能够杀菌和退热。同时，它的清香也使得其成为重要的香水原料，古龙香水就将它作为主要加味的香料。

佛手柑虽然也属于柑橘家族，但其精油的气味却大不同。相较于其他的柑橘类精油，佛手柑精油所含的醇类和酯类更高，能达到60%以上，所以它的香气会略带柔美的花香而不是果香。

佛手柑精油这种柔美的花香味作用于心灵，就像暖阳一样，所以我给它的关键词就是暖阳。它不像没药那样像火一样烈日炎炎，也不像尤加利那样像风一样吹过，它不像夏天的阳光，而有点像冬天的阳光，暖暖地晒着你，让你觉得不寒冷。

这种暖暖的感觉会给人一种快乐的安抚。当老人有什么地方需要安抚的时候，比如说他的皮肤发炎或者过敏了，或者是情绪上需要安抚，都可以让他闻佛手柑精油。

柑橘类的精油，像佛手柑精油、柠檬精油、红橘精油、柑精油、甜橙精油等都可以让人感到欢乐。后面我们还会讲到红橘精油也能让人欢乐，不

同的是，红橘精油带给人的是有智慧感的开心，而佛手柑精油在欢乐的基础上更有安抚的力量。当你不开心的时候，用红橘精油就没有佛手柑精油那么直接。用佛手柑精油之后，就像是让你在暖阳下晒了一会儿，你心里的阴郁会慢慢地散去，心胸变得宽广明亮，整个人重新回归轻盈正向的状态。如果是正被病症折磨，那么它也能帮助你改善因病痛而产生的恐惧、焦躁、忧郁等不良情绪。

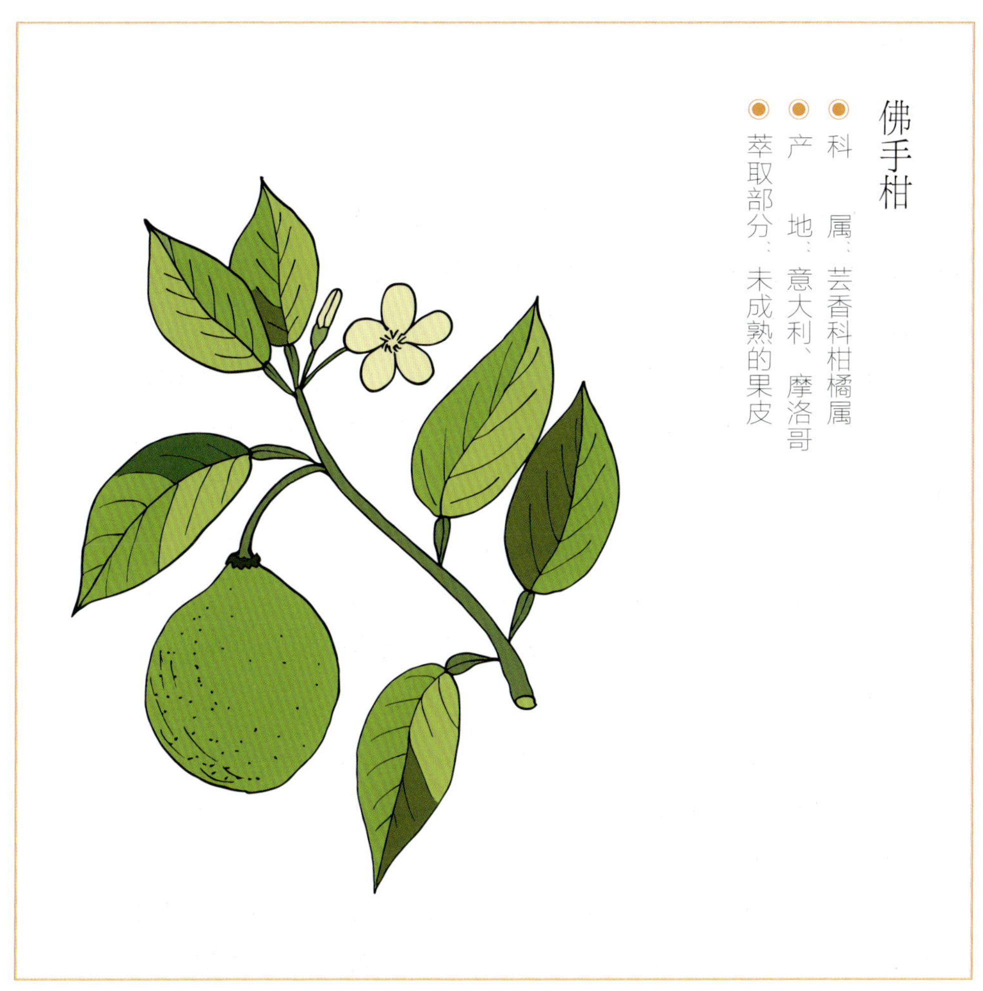

澳大利亚尤加利
Eucalyptus globulus Labill

色　　泽：清澈的淡黄色
气　　味：樟脑般的气味和淡淡的苦味
有效成分：桉油醇、丁香油烃、沉香醇、牻牛儿醇、松油萜
关 键 词：温和的通畅

使用注意：高血压、癫痫患者、孕妇勿用。

澳大利亚尤加利是一种常绿乔木，可长至25米高，树干摸起来很粗糙，叶片窄长，开白花。它是尤加利家族中长得较慢的树种，却也因此酝酿出厚实滋养的能量，抗菌、抗病毒效果极佳。

如果说佛手柑精油像暖阳，那么澳大利亚尤加利精油就像微风。我们常见的尤加利精油有三种，澳大利亚尤加利、蓝胶尤加利和史密斯尤加利，其中蓝胶尤加利的力量比较猛，更像一阵大风，如果是身体不强壮的老人，会有点受不了，用了容易睡不着觉。史密斯尤加利是最温和的一种尤加利，也是力量最弱的一种尤加利，比较适合给小孩使用。介于两者之间的就是澳大利亚尤加利。澳大利亚尤加利既有蓝胶尤加利的功效，又没有那么强烈，给人一种温和的通畅感。

这种柔美温和主要是因为其单萜醇的含量极高，达到了20%，有很多犄角的氧化物被磨得圆融，从而提高了它的亲肤性，使得它不仅能够护肤抗菌，还能补养虚弱的身心。当我们处在盲目付出的状态下时，澳大利亚尤加利能帮助我们重新定位，找寻流失的力量，对自我进行冷静评估。

蓝胶尤加利是猛烈的通畅，如果我们鼻子不通气了，就可以闻蓝胶尤加

利精油，这时会觉得鼻子有点刺痛，但是会更快通气；或者是痰多，也可以用蓝胶尤加利精油，会让你更快地排出痰来。但是老年人本来排痰的能力就比较弱，鼻子又更敏感，所以闻蓝胶尤加利精油会显得过猛，这个时候给他用澳大利亚尤加利精油，既有一定的功效，又非常温和，像微风拂过一样，可以温和地通畅呼吸道。

与蓝胶尤加利精油相比，澳大利亚尤加利精油对抗感冒和许多流感病毒的能力要强很多，这得归功于桉油醇和单萜烯醇的特殊组合。它对于排痰和缓和症状有积极疗效，是专治耳鼻喉疾病的良方。而且它不只是能通畅呼吸道，还可以促进液体流动。如果老年人血液循环不好，也可以用澳大利亚尤加利精油涂抹全身。

澳大利亚尤加利

- 科　　属：桃金娘科桉属
- 产　　地：澳大利亚
- 萃取部分：叶片和嫩芽

秘鲁香脂
Myroxylon balsamum

色　　泽：深褐色
气　　味：饱满的香甜味
有效成分：苯甲酸苄酯、肉桂酸苄酯、安息香酸、肉桂酸
关 键 词：幸福

使用注意：少数人可能过敏，宜少量使用。

秘鲁香脂精油的味道我特别喜欢，它是浓浓厚厚的一种甜，闻着令人充满幸福感，好像把所有的幸福都凝聚到一滴精油里，你会觉得心都化了，所以我给秘鲁香脂的关键词就是幸福。

人到老年，如果生活不顺，回忆大半生的经历，有时候会觉得孤苦，这时候就可以用秘鲁香脂精油涂抹全身，它会进入血液，从身体弥散到心灵，让人觉得特别幸福，而且同时闻到这个味也会觉得特别幸福。

秘鲁香脂精油在精神方面的关键词是享受生命。有一些老人没有办法放开了去享受生命，他辛苦半生，把孩子养大了，自己衣食无忧了，但是仍然不能忘记自己年轻时候的艰苦奋斗，在生命的最后时光里依然省吃俭用，不敢享受生命的美好，觉得自己享受一点就好像是罪过一样。用这种状态度过余生会非常可惜，老年正是应该无忧无虑享受生活的时候。秘鲁香脂精油就可以帮助老人，让他享受生命的美好，给他自由放开的力量。使用秘鲁香脂精油的时候，不仅会觉得自己是幸福的，同时也会认为自己有资格去享受生命，去享受这种幸福。

秘鲁香脂精油还会让人在幸福中有安全感。有安全感的人是幸福的，人

在幸福中也是有安全感的，这种精油同时弥补了这两个相辅相成的方面，所以能让老人既觉得幸福，又觉得可以安全地享受生命，而不会总想着还会遭受温饱不足的苦难。

上面我说的这种老年人的心理状态，其实在年轻人中或多或少也有，不论年龄几何，只要是你感觉到自己有类似的心理状况，都可以用秘鲁香脂精油来调理，不要认为它是老年人的专利。

秘鲁香脂

- 科　属：豆目蝶形花科
- 产　地：秘鲁
- 萃取部分：树脂

橘叶
Citrus reticulata

色　　泽：淡黄色
气　　味：新鲜草香、细致花香与柠檬味
有效成分：乙酸沉香酯、沉香醇、含氮化合物
关 键 词：强力安抚

使用注意：具有光敏性，涂抹后不要晒太阳。

我们前面说过苦橙叶有很强大的安抚作用，是因为它有一种很少见的化学成分——邻氨基苯甲酸甲酯，而橘叶的这种化学成分比苦橙叶还要多，是我见过的所有精油中最多的，它的含量高达50%。而这种芳香酯最大的作用就是帮助人放松，可以说，橘叶精油是安抚、抗压效果最好的精油了。

它可以使疲累不堪的人恢复精神，缓解紧张的心情。特别是针对因压力引起的疾病、非器质性心脏不适或睡眠困扰，效果极好。

很多老年人普遍存在睡眠不好的情况，甚至是彻夜失眠。睡不着觉的时候，我建议可以先闻一闻苦橙叶精油，如果闻苦橙叶精油都睡不着，就闻橘叶精油，基本上就能睡着了。可以将橘叶精油滴在枕头上，闻着这种香气就能很快入睡。如果闻橘叶精油都睡不着，就不仅仅是睡不着觉的事了，一定是有更深的心理因素，可能需要做心理咨询。

红橘是橘子树的果实，橘叶就是橘子树的叶子，因为同样出自橘子树，所以在强力安抚的同时也会给你一些快乐的感觉，让你觉得并不是被压在床上逼着睡觉，而是开心平静地入睡。

橘叶的安抚作用不仅仅可以用在睡不着觉的时候，任何有情绪需要被安抚的时候，有情绪波动的时候，跟人发生冲突的时候，觉得悲伤的时候，都可以用橘叶安抚，可以握几片橘叶，闻它的味，或者是在手上滴一滴橘叶精油，就可以得到安抚，从极端的情绪中快速回到平和开心的状态。

对于老年人来说，如果可以在家里用大花盆栽一棵橘子树，那一定是很美妙的一件事，既能吃到橘子，又能闻着这种气味，让自己开心起来。如果夜里睡不着觉，还能揪几片橘叶，用开水冲了喝，就能快速入睡。橘子开花时，可以在喝茶的时候揪几朵橘子花往里一泡，就是橘子花茶。可谓是一举多得。

橘 叶

- 科　　属：芸香科柑橘属
- 产　　地：阿尔及利亚、西班牙、法国、叙利亚
- 萃取部分：嫩枝和小叶片

柑
Citrus nobils

色　　泽：橘色
气　　味：清甜中多几分温和、轻柔的果香
有效成分：柠檬烯、松油萜、邻氨基苯甲酸甲酯
关 键 词：年轻的快乐

使用注意：具有光敏性，涂抹后不要晒太阳。

我们现在已经知道，柑橘类的精油可以带给人快乐的感觉，但是每一种精油带来的快乐又不太一样，柑精油带给人的是年轻的快乐。

年轻的快乐，我们可以把它理解为：一个老大爷他活得很年轻，他并不认为自己老了，他还在做年轻人做的事情，这样的快乐就是年轻的快乐。柑精油给人带来的快乐，可以让人卸下思想负担，再次年轻起来。它让人觉得并不会因为自己已经 60 岁，就没有办法去学冲浪了，或者没有办法去远方旅游了。它会让你觉得，即使是 70 岁了，仍然还有美好的未来在等着你，什么都能做，一切都可以从头开始。这种状态就是柑精油给老年人带来的快乐。

这种年轻的快乐，不仅适用于老年人，即使是年轻人，如果你觉得工作太繁重，觉得生活压力太大，想卸下包袱，轻快地向前走，看更多的景色，迎接更多的挑战，这个时候也可以闻闻柑精油。

柑橘类精油给人带来快乐的感觉是各不相同的，柑是一种偏冷的快乐的感觉，甜橙、柠檬、葡萄柚也是偏冷的快乐的感觉，而红橘是暖的快乐感觉。冷的快乐感觉和暖的快乐感觉不太一样，同是偏冷的快乐感觉，甜橙和橘

也有不同。橘是智慧的开心圆满，幸福地抱着小孙子合家团圆的满足感，而甜橙是更偏冷的一种感觉，是在自己精神世界中智慧圆满的感觉。所以我们在用柑橘类的精油配出一个好闻的味道的时候，可以尝试将冷的精油和暖的精油混合，这样才能带给我们一种圆满完美、冷暖相依的快乐的味道。

柑

科　属：芸香科柑橘属

产　地：意大利、摩洛哥

萃取部分：未成熟的果皮

红橘
Citrus reticulata

色　　泽：橘色
气　　味：清甜中带几分温和、轻柔的果香
有效成分：柠檬烯、沉香醇、邻氨基苯甲酸甲酯、呋喃香豆素
关 键 词：智慧的开心

使用注意：具有强光敏性，涂抹后不要晒太阳。

很多人认为红橘精油是“孩童专用精油”，因为它温暖甜蜜的香气很容易赢得孩子的喜爱，从功效上来看，也善于化解孩子的一些身心问题。实际上，它也是很适合老人使用的。这种精油具有温和的果香味，只要一闻就会令人不禁产生纯真甜美的笑，给人带来欢乐。当然，可以给人带来快乐的精油有很多，比如玫瑰、依兰、茉莉等花类精油，但是这些更多的是那种绽放的快乐，而红橘带来的却是一种天真的圆满的快乐，所以我给红橘的关键词是智慧的开心。

有人觉得红橘的快乐是小孩的欢笑，但我更认为它是一个像小孩的老人的欢笑。和我们前面讲过的甜橙精油很相似，它们都经历了发芽、长苗、长枝叶、开花，经历了春夏秋冬和完整的生命周期，最后结出果实。就像老人一样，经历过漫长的生命周期之后，到老了不被俗事所恼，他的欢乐是完全沉浸在一个满满的精神世界中的老人的欢乐，是那种没事逗逗小孙子，在大树下抽抽烟喝杯茶，跟人下下象棋，或者在公园里唱唱京剧的那种开心。而不像年轻人因为事业有成，或者是爱情有收获的那种开心。他完全不被客观环境干扰，所以会一直开心下去，这就是红橘带给人的力量。

所以，红橘精油很适合那些精神世界并不是很圆满的老人使用。比如有的老人可能觉得一生过得很悲惨，到老一无所成，看着儿子孙子也烦，看其他人也烦，看一切都很烦。这样的老人可以给他闻一闻红橘精油，他会慢慢地发现，原来自己的一生还是有很多故事，这一生也是很有意义的，然后他会对自己的人生感到满足。实际上就是用红橘精油的力量为老人的精神世界补上他所缺憾的东西，从而帮助他露出那种像孩子一样但又充满智慧的欢笑。

红橘精油中含有的微量邻氨基苯甲酸甲酯，有抗痉挛与增加活力，深层调节情绪及放松神经的作用，因此具有特别温暖的抚慰力。所以它也是处理成年人童年阴影或与小孩有关的生命创伤以及深层恐惧的较好选择。它是温和的，孩子和孕妇也可以使用。它不仅能为孩子营造出安全感，还能很好地调节小儿的消化系统。将红橘精油与橙花精油调成复方按摩油，对儿童消化不良、便秘、打嗝等问题有很好的调理效果。

红橘

- 科属：芸香科柑橘属
- 产地：意大利、美洲
- 萃取部分：果皮

红橘精油和甜橙精油的区别

红橘精油清甜中多几分温和、轻柔的果香，而甜橙精油则更多的是欢快、上扬，富有阳光气息。